人生，比乐坛更需要好声音！

成就强大自我，提升成熟心智，在人生舞台上唱出自己的好声音！

姚远/著

（中国好声音）

华夏出版社

图书在版编目（CIP）数据

中国好声音 / 姚远著. —北京：华夏出版社，
2013.7

ISBN 978-7-5080-7458-0

I. ①中… II. ①姚… III. ①人生哲学—通俗读物
IV. ①B821-49

中国版本图书馆CIP数据核字（2013）第016231号

出品策划：华夏盛轩
网　　址：http://www.huaxiabooks.com

中国好声音

著　　者	姚　远
责任编辑	曾　华　王二永
封面设计	思想工社
排版制作	思想工社
封面图片	壹图
出版发行	华夏出版社
	（北京东直门外香河园北里4号　邮编：100028）
经　　销	新华文轩出版传媒股份有限公司
印　　刷	三河市汇鑫印务有限公司
开　　本	720mm×1020mm　1/16
印　　张	16
字　　数	215千字
版　　次	2013年7月第1版　2013年7月第1次印刷
定　　价	29.80元
书　　号	ISBN 978-7-5080-7458-0

本版图书凡印刷、装订错误，可及时向我社发行部调换

(((**导读**)))

当今中国，从来不缺少声音，但唯独缺少真正有影响、有内涵、有动力的好声音。

《中国好声音》汇集了白岩松、杨澜、马云、李开复、周国平、于丹等50多位人生导师发自肺腑的人生感言，他们的声音令人回味，他们的智慧给人启迪。这些声音，是我们个人成长路上值得相伴一生的好声音，更是我们生活的这个时代不可或缺的最强音。

本书时代风格鲜明，语言通俗易懂，并以清晰明确的板块划分提示主题内容，便于读者阅读、理解和自我提升：

⊙ 导师履历——翻看导师个人档案

该板块分别介绍了50多位名人导师的主要履历和性格特征，这些名人导师对当下中国颇具影响力，他们是最知名的文艺翘楚、创意精英、实业家、意见领袖，是所从事行业的代表人物，他们有着丰富的人生经历，因而他们的声音更加具有指导性和建设性。

⊙ 幸福好声音——分享好声音，传播正能量

人生漫长，道路注定不会太平坦，有时候难免走错路，也难免有所迷茫，这个时候，最需要听一些好声音，这些好声音是我们人生路上的

一盏明灯，是我们心智得以成长的良师益友。

在该板块，既有深入浅出的分析，也有精彩的事例，让我们在不知不觉中，为导师的个人魅力所折服，并从他们身上学到做人做事的智慧。

他们虽然取得了令人瞩目的成就，但他们却没有高高在上的做派。相反，他们平易近人，真诚地与我们分享、探讨他们对成功和幸福的感悟，这些感悟对我们来说无疑是一笔千金不换、万金难求的财富。此外，在该板块中，还对众导师的一些简短有力的话作了着色强调，这些话是本书的精华所在，也是导师们最想告诉我们的好声音。深思这些话，也许在当下，也许在将来的某个时候它会不经意间起到巨大的作用，让我们得益。

如果我们有心的话，还可以通过微博等平台把这些话分享给身边的朋友，这不会花去我们太多的时间，却能向朋友传递出正能量，相信朋友会因我们分享的某句话而受益匪浅。

⊙ 导师训练营——开发潜能，提升成熟心智

该板块言简意赅，具有显明的指导性和实用性。

针对我们身上存在的一些不足，导师们提出了简单且行之有效的改善方法，而我们要想在人生的道路上走得更好更远，就要学习并贯彻这些方法，这样才能有效地开发自身潜能，收获属于我们的成功和幸福。

聆听好声音，收获好人生

　　每个人的成长与发展都离不开他人的提醒和指导，想要把生活过得好一些、美一些、成功一些，就得竖起你的耳朵，认真倾听和借鉴智者的经验和教训。

　　人之所以要学习，要读书，要从师，要了解别人的成功之道，就是要吸取别人的成功经验，为自己所用，即人们常说的"三人行，必有我师"。因而，倾听别人的话，倾听别人的故事，特别是倾听成功人士的"好声音"，是我们成长的需要，是我们蜕变的开始，也是我们提升自己的有效方式。

　　因此，在这里，我们特别选取了50多位在社会上已做出一番成就或者胸有大智慧之人作为大家的人生导师，探讨人生之道，发出正面的、向上的、积极的、乐观的"中国好声音"，帮助大家认清人生中的挫折和困惑，同时去其糟粕取其精华，迎接幸福美满的新生活。

　　每个人都是不完美的，不管是男人还是女人，有些人不喜欢自己，挑剔这个，又挑剔那个，总觉得自己不好。可事实上，世上本就没有什么绝对完美之人，我们根本不用去刻意追求完美，如果不知道这一点，那么只会把自己弄得疲惫不堪、郁郁寡欢。对自己太过苛刻的人，一般难以快乐起来。可人活一世，不就是为了能多快乐一点、充实一点、幸福一点吗？盲目地追求完美，只会把你本来拥有的幸福一点点地剔除掉。所以，多听一听成功人士对幸福和人生的理解，学会接受不完美的自己，好好爱自己，学会审视自己，才能幸福快乐地生活。

人生是一段漫长的旅途，沿途有不同的风景，好看的、丑陋的、灿烂的、落魄的……每一处风景都有它别具一格的美，都有它独特的地方。带上这些淡然平静、不浮不躁的好声音上路，学会欣赏每一段路程中的美，你便没有白白走过，没有白白摔过跟头。

学会倾听爱的好声音。爱，是我们人生中极为重要的一部分，爱情、亲情、友情让生活有了温度，有了活力，也有了精彩。其实，我们每个人都被各种爱包围着，只是有的人内心冷漠，感受不到他人的爱，更无法给他人爱。他们不知道，爱其实就在我们身边，只要我们用心去感受，就能听到、看到和感受到。每一段感情都需要经营，不论是爱情、友情还是亲情，如果不懂得它的经营之道，就算是有血缘关系的人也会渐渐淡薄。这是你的悲哀，也是爱你之人的悲哀，所以，学会倾听爱的好声音，学会经营自己的感情，学会经营与他人的关系，就能让自己的生活更充盈，更温暖，就能让每一天都"面朝大海，春暖花开"。

我们还要学会倾听自己内心的声音，每一个人都应有自己的人生观和价值观，自己的人生态度，而你的态度，决定了你做人的高度。思想决定行动，行动决定成败，读懂自己的心，端正自己的人生态度，用良好的心态去迎接未来，这是我们每个人都该具备的意识。

　　每个人都希望自己有所不同、有所突破，生活能过得美满幸福，各种关系能处理得娴熟自如……要做到这些，必须让自己变得更加成熟，让自己的内心丰富起来。

　　总之，这是一本能抚慰和感动你的心灵之书，在50多位人生导师真诚的经验分享之下，在他们无与伦比的好声音之下，你会慢慢学会该如何看待自己，如何面对生活的挫折、彷徨和迷茫，如何培养一颗可以自由飞翔的心，以及如何创造属于自己的幸福生活。

　　现在，就让我们来认真倾听这些人生导师的好声音吧，这里没有耀眼的灯光，没有疯狂的尖叫，有的只是良言隽语。沉下心，倾听让你感触的一个个"中国好声音"吧！这些人生导师发自肺腑的人生感言，来自心灵、来自思考、来自关爱的声音，这些声音影响着人们的信念，这些声音饱含智慧和关爱，使我们懂得了什么是坚持和奋斗，什么是失败和成功，在人生路上，有幸听到的人，便可高得上去，低得下来。这些声音是经验，是财富，是少走弯路的箴言；这些声音，才是当下人们最需要的"中国好声音"。

传 播 正 能 量 的 声 音 ， 才 是 真 正 的 中 国 好 声 音

PART 1 自我的声音
自己的人生自己撰写

PART 2 经历的声音
每段路都不是白走的

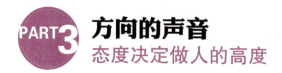

PART3 方向的声音
态度决定做人的高度

PART4 感恩的声音
爱，弥足珍贵

珍惜的声音
经营就是拥有的过程

坚持的声音
人生是一场漫长的博弈

PART 7 奋发的声音
让自己再优秀一点儿

PART 8 沉淀的声音
让自己跟人生一起成熟起来

掌控的声音
自我掌控的力量

世界是否美好，生活是否充实，自己是否可爱……一切的一切都在于我们怎么去观察，怎么去体会，怎么去看待，而这就要求我们从心出发，用心去听、去看、去理解。人，对于自己的观察，对于自己的解析，对于自己的判断以及对于自己的期望，都要人自己用心去探知。用心去看，我们会发现，每个人都不是完美的，包括我们自己。

PART 1

自我的声音

————— 自己的人生自己撰写 —————

不仅要爱自己，
还要懂得如何爱自己

▶【导师履历】

杨澜， 她是国内著名的资深电视节目主持人，她那极具亲和力的主持风格备受广大电视观众的喜爱，她曾主持《正大综艺》《杨澜访谈录》等电视栏目，被评选为"亚洲二十位社会与文化领袖""能推动中国前进、重塑中国形象的十二位代表人物"等。她是一个懂女人，也懂得一个女人应该怎样生活的传奇女子，她给无数现代女性点起了一盏灯，更让无数女性学会了独立、自强、果敢、温柔。

幸福好声音 ☷ 爱自己，女人本来就是天使

　　杨澜端着一杯清茶，深情款款地从《天下女人》走来，娓娓地向世人讲述着大时代里的女子传奇。一步一个脚印的人生经历，一点一滴的心灵体会，让这个睿智剔透的女子对我们说出这样一句温暖人心的话——女人本来就是天使，每个女人都要爱自己。

　　听到这句话的嘉宾感动了，因为她们知道，这句话不是简单的叮咛，不是草率的称赞，它是杨澜一路走来的心灵感悟。杨澜，这个离过婚的女人能够再次寻找到她的幸福，就是因为她懂得如何爱自己。是的，女人就是天使，一个让身边的世界灵动起来的天使，女人要爱自己才能让世界充满爱。如果女人想要感到世界因自己而美丽，那么，从现在开始女人就要爱自己。

　　你有美丽的笑容，你有健康的身体，你有健全的人格，你有动听的声

音，你还有爱你的亲朋好友，即使这些都没有，你还拥有独一无二的灵魂，那你就是幸福的人，因而你没有理由不去爱自己。

你的生命来自父母，他们让你有机会看到这世间的繁华与落寞，这也是造物主对你的爱，你天生就有两种爱：父母的，造物主的。而这两种爱将与你终生相伴。他们为什么要爱你？因为你是值得他们爱的人，你给他们带来了欢乐和希望，使他们的世界五彩缤纷。这样的你，又怎么可以不爱你自己呢？要知道你有很多可爱的地方，只是你没有发现而已。

爱自己是上苍赋予每个人的权利和义务，一个连自己都不爱或不会爱的人是没有能力去爱别人的。同样的，他也很难得到别人的爱。

爱自己是每个人与生俱来的权利，在不伤害他人的前提下，爱自己是对自己生命的尊重，是对给我们生命之人的不辜负，爱自己是别人不可也无法剥夺的权利。

爱自己也是一种责任，就像爱自己的家人和朋友一样，不爱自己的人不仅对自己是不负责任的，也是对社会不负责任的。我们只有认真地呵护自己的内心，严格地约束自己的行为，才能成为一个有益于社会的人，才能活得充实而有意义。

爱自己，才有能力爱别人。爱自己的人会进行自我修炼，会打理生活，会自我提高，会让自己的内心强大起来，而这些都是我们爱别人的基础。我们要爱别人，就要对别人付出，而我们要付出，就要有东西可付出才行，这些东西的积累都是要从爱自己开始的。爱自己，别人才会爱你，一个连自己都不爱的人，是没有吸引力的，别人能给你的只有"哀其不幸，怒其不争"。抽出一些精力和时间好好爱自己，才能使自己拥有足够的魅力激发起别人对你的爱。

　　杨澜懂得怎样爱自己，她的每一个决定，每一段路都是从爱护自己出发的。因为她明白只有好好地爱自己，才能有力量去爱护别人。

1990年，杨澜从众多才华出众的应征者中脱颖而出，进入《正大综艺》栏目组，成为栏目组的当家花旦，并很快得到了广大观众的认可和喜爱。以后的她在事业上节节攀升，1994年她一举夺得了中国首届主持人"金话筒奖"，就在她事业如日中天之际，令人不可思议的事情发生了，杨澜急流勇退，选择离开央视远赴美国求学。多年以后，当人们问起她当时的决定时，杨澜莞尔一笑说，离开的真正原因是恐惧，她感到自己力不从心，她需要扩充自己的知识，提高自己的能力，不能等到大家都厌倦她的时候再退出。杨澜的确是个聪慧的女子，她知道爱护自己的身心，知道在什么时候该做什么事情，她的急流勇退不仅成就了她日后的事业，也成就了她与吴征的美好姻缘。

杨澜来到纽约不久，在靳羽西的家宴中与吴征相识。当时，吴征从事的是国际电视和国际广告的发行工作。两个人一见如故，同是上海老乡不说，还有共同的兴趣，两个人很快成了朋友。在以后的交往中，两个人发现，他们彼此之前有着惊人的相似，杨澜觉得吴征有才华和魄力，敢作敢当，而吴征觉得杨澜温柔善良、积极进取，懂得为别人着想。于是，吴征把杨澜当作情感归宿。婚后，两人互相扶持，彼此关爱，成为传媒界的佳话。

杨澜不仅爱自己，还懂得如何爱自己。她在风光无限之时选择急流勇退，就是对自己最好的爱护。在外求学的日子，她不仅取得了学业的成功，也收获了甜蜜的爱情。倘使杨澜不爱惜自己，即使能到国外读书，与吴征相识，也不一定能得到吴征的欣赏。只有一个懂得如何爱自己的女人，才懂得如何爱别人，因为她知道人的最基本需求。同样的，因为她懂得如何爱人，才吸引别人也同样爱她。

从现在开始爱上自己，珍视自己的生命，注重修养的提高，重视对自己前景的规划……只有懂得爱自己的人才能让世界充满爱。

如何爱上自己？

第一式，每天照着镜子告诉自己，我很可爱。好的心理暗示会使自己向好的方向发展。

第二式，找到自己的优点，告诉自己，这是别人所没有的，哪怕这个优点很小。

第三式，珍视自己的情感，告诉自己，它不是什么人都能得到的。

此岸永远是残缺的，
否则彼岸就要坍塌

▌【导师履历】

史铁生，中国著名的作家，20岁时双腿突然瘫痪，这位调侃自己的职业是生病、业余在写作的人创作了散文《我与地坛》《命若琴弦》《合欢树》等感人至深的作品，曾任中国作家协会全国委员会委员，还是中国残疾人协会评议委员会委员。他的故事是励志的，他帮助芸芸众生叩问人生的终极意义，激励了一个个深陷绝望和困境中的人。

幸福 好声音 **从不完美中走出一条路**

此岸永远是残缺的，否则彼岸就要坍塌，这是史铁生在自己作品中对自己不幸的命运所发出的感慨。正因为残缺，他的思想才达到了常人难以达到的高度，为我们留下了无数感人至深的睿智言语，引导着我们一起面对生命的不完美，积极向生活进取，并灿烂微笑。

当年正值青春年少的史铁生，要经过多少内心的折磨和痛苦，才能最终接纳那个不完美的自己，并热爱残缺的自己的今后生活呢！不能走路了，他学着接受轮椅。人类正因为缺什么，才去热爱什么。是的，残缺也是一种美。残月的美销魂荡魄，断臂的维纳斯举世瞩目，倾斜的比萨斜塔让人流连忘返，一现的昙花让人痴心等待……人们所爱的正是这种残缺美。对于人，我们亦是如此。一个人可爱不是因为他的完美，而是因为他有缺点，因为太完美的人是让人生畏的，是让人不敢亲近的。

每个人都是不完美的，相信骄傲自大如秦始皇一样的人，也不敢自称是百分百完美的人，平凡的我们自然更不要妄求完美。即使一个女子美若天仙，也不是每个人都会喜欢的。为什么？因为人与人的评价标准和审美观都不相同。完美，本就不存在。我们的身体，是我们自己的，即使它不好看，甚至有残缺，它也是属于我们的，既然我们不可避免地拥有了它，我们就要接纳它，爱惜它；我们的性格和灵魂，即使不完善，甚至有阴暗的一面，我们也要明白，它是生长在我们身体里边的，我们要承认它，并努力完善它。

因为我们不完美，所以我们才会去追求完美，这样也就推动了我们自身的发展和进步。自认为长得不漂亮的人，会学习服饰搭配和化妆美容，扬长避短，尽量让自己看起来舒服些；身体有缺陷的人，会通过专门的训练，来满足自己对身体的期许；性格上有缺陷的人，会通过努力修炼，尽量改变自己的性格，减少负面情绪引起的负面影响……总之，**人正因为不完美，所以才会不断提高自己，而要追求完美就要先接受自己的不完美**。

当年那个正满怀希望憧憬着美好灿烂未来的史铁生，怎么也不会料到上天跟他开了一个怎样大的玩笑。"不能走路"，这个概念和痛苦的内涵又曾让他度过一段怎样艰难、狂躁的岁月。对他来说，生活在他面前瞬间坍塌，分崩离析了。他沮丧过、痛苦过，但他终于想通了，也战胜了自己对未来的绝望和恐惧。是的，他找到了自己的出路——写作。他想用一支笔来叩问生命的意义，找到活下去的力量和信心。

这位无奈地调侃自己"职业是生病，业余在写作"的巨人，接受了自己的不完美，并且积极致力于对残疾人的关怀和帮助之中。他用笔征服了不完美，也征服了他自己。

史铁生之所以能取得举世瞩目的成绩，是因为他先接纳了自己的不完美，他忘记了自己的缺陷，沉浸在自我创作和自我提升的快乐之中。如果史铁生因为自己的残疾而排斥自己、讨厌自己，那么他永远都不能取得如此骄人的成绩。

真心接纳自己的不完美的人，懂得快乐的秘密不在于得到多少，而是珍惜现在所拥有的，用自己所拥有的去追求、享受快乐。 当我们去珍惜不完美的自己的时候，就会感受到上天的恩宠，就会知道自己的幸福。有了这样的心境，快乐就不再是个难题。当我们快乐起来的时候，我们对生活、对环境、对周围的人自然会流露出喜悦之情，进而影响到其他人，让自己的生活变得丰富而美好。

心理学家认为，想要别人喜欢你，首先要培养喜欢自己的特性。仔细观察一下身边的人就会发现，那些既不漂亮又不富有的人，同样能成为你朋友圈中最受欢迎的人，这些人就是喜欢自己的人。

没有谁能确切知道自己是不是真正受欢迎的人，但我们却能知道自己是接纳了自己的不完美，是不是喜欢自己。当我们学会喜欢自己的时候，别人也就开始喜欢我们了。

有户人家有两个儿子。当两兄弟都成年以后，他们的父亲把他们叫到面前说："在群山深处有绝世美玉，你们俩都成年了，应该做探险家，去寻求那绝世之宝，找不到就不要回来。"两兄弟次日就离家出发去了山中。

大哥是一个注重实际、不好高骛远的人。有时候，发现的是一块残缺的玉，或者是一块成色一般的玉，甚至是奇异的石头，他都统统装进行囊。过了几年，到了他和弟弟约定的汇合回家的时间。此时他的行囊已经满满的了，尽管没有父亲所说的绝世完美之玉，但造型各异、成色不等的众多玉石，在他看来也可以令父亲满意了。

后来弟弟来了，两手空空一无所得。弟弟说："你这些东西都不过是一般的珍宝，不是父亲要我们找的绝世珍品，拿回去父亲也不会满意的。"

弟弟说："我不回去，父亲说过，找不到绝世珍宝就不能回家，我要继续去更远更险的山中探寻，我一定要找到绝世美玉。"

哥哥带着他的那些东西回到了家中。父亲说："你可以开一个玉石馆或一个奇石馆，那些玉石稍一加工，都是稀世之品，那些奇石也是一笔巨大的财富。"

短短几年，哥哥的玉石馆已经享誉八方，他寻找的玉石中，有一块经过加工成为不可多得的美玉，被国王御用作了传国玉玺，哥哥因此也获得了倾城之富。

在哥哥回来的时候，父亲听了他介绍弟弟探宝的经历后说："你弟弟不会回来了，他是一个不合格的探险家，他如果幸运，能中途醒悟，明白至美是不存在的这个道理，这是他的福气。如果他不能早悟，便只能以付出一生为代价了。"

很多年以后，父亲的生命已经奄奄一息。哥哥对父亲说要派人去寻找弟弟。

父亲说，不要去找，如果他经过了这么长的时间都不能顿悟，这样的人即便回来又能做成什么事情呢？

世间没有纯美的玉，没有完美的人，没有绝对的事物，为追求这种东西而耗费生命的人，何其愚蠢啊！

追求完美，是人类自身在逐渐成长过程中的一种心理特点或者说一种天性。应该说，这没有什么不好。

人类正是在这种追求中，不断完善自己，使得自身脱去了用来遮羞的树叶，变得越来越漂亮，成为这个世界万物之精灵。如果人只满足于现状，而失去了这种追求，那么人大概现在还只能在森林中爬行。我们对事物总要求尽善尽美，愿意付出很大的精力去把它做到天衣无缝。

但是，世界上根本就不存在任何一个完美的事物。为了心中的一个梦而偏执地去追求，却全然不顾你的梦是否现实，是否可行，从而浪费掉许许多多的时间和精力，最终只能在光阴蹉跎中悔恨。世界并不完美，人生当有不足。没有遗憾的过去，就无法链接人生。对于每个人来讲，不完美的生活是客观存在的，无须怨天尤人。

不要再继续偏执了，给自己的心留一条退路，不要因为自己的一时之错而埋怨自己，不要因为不完美而恨自己，不要因为不完美而觉得不幸福。看看那些活得幸福快乐的人吧，他们没有一个是十全十美的。

完美往往只会成为人生的负担，人绷紧了完美的弦，它却可能发不出声来。那些懂得爱自己、宽容别人的人，才是生活的智者，才更容易活得幸福。

我们每个人都有自己的优缺点，不会事事都行，也不会事事都不行，总有一种东西是我们可以拿得出手、被人欣赏的。而且，有时候，我们自己觉得不完美的地方恰恰是别人喜欢或欣赏的地方。

比如说，你觉得自己很自卑，开会不常说话，除非你有十足的把握才肯发言，但在有的老板看来这是成熟稳重的表现；你觉得自己的单眼皮不好看，小眼睛不精神，但有的人就认为这样的你别具风味。一个人不能盲目地排斥自己，不接受或回避自己的缺点，只有敢于面对不完美的自己，才能不断地完善自己，进而接近完美。

导师
训练营

如何爱上不完美的自己?

第一式, 让正面的自己强大起来。每个人的心里都藏着两个自己,一个是正面的自己,一个是负面的自己,当负面的自己占上风的时候,就要试图找到自己的优势,将负面的自己打压下去。

第二式, 将别人对你的正向评价用录音机录下来,反复播放,渐渐地你就会喜欢上自己。

人生不快乐就划不来

吴淡如，她是台湾家喻户晓的电视台、电台节目主持人，主持的电视节目《天天星期八》成为同时段收视率的榜首。多年以来，她一边主持节目，一边思考人生，执笔著书，如今已出书五十多部，被誉为"台湾畅销书天后"。读她的书，你会豁然开朗，她以女性的视角看待人生，看待婚姻，分析女性同胞们的地位，并充当情感专家的角色。

幸福
好声音　　　**快乐，完全是由自己决定的**

美女主播吴淡如主持、出书两不误，她人做得快乐，事做得潇洒，被人们称为"幸福女"。这位与众不同的幸福女人，笑靥如花地拉开帷幕向我们展示起她的幸福生活：家庭温馨、事业顺畅、休闲娱乐不耽误，用三宅一生的香水，玩陶艺、打高尔夫……提到快乐，她更是语出惊人："我告诉你，人生不快乐就划不来。我觉得自己过得不错，蛮幸福的，因为这一切都是自己的选择，至于是不是名利双收并不那么重要！"

"人生不快乐就划不来"，此话一出，我们顿觉震撼，不禁感叹这位成熟女子的睿智。是的，人生短短几十载，与它计较我们永远都是输家，只有快乐地活着才不枉此生。

快乐是什么呢？对此每个人都有自己的理解。**有人说，快乐是一种心理上的满足；有人说，快乐是一种别样的体验，它让人兴奋；有人说，快乐**

是财富和掌声。无论哪一种，说穿了，快乐就是一种心境，而心境的好坏是由我们自己决定的。

很多时候，痛苦和快乐是一对孪生兄弟，它们会同时出现在我们面前，尤其是我们陷入逆境的时候。我们选择了悲观、失望，也就选择了痛苦；而我们选择了乐观、坦然，也就选择了快乐。一旦我们选择痛苦，必将得到痛苦。而我们选择了快乐，就会拥有快乐。

每天早晨起床，也就意味着新的一天开始了，你可以选择快乐地享受这一天，也可以选择忧郁地度过这一天，快不快乐的决定权在我们自己手中。也许你会说，如果上班途中遇到意外事情，比如，发生交通事故，或者一大早就收到相处多年的对象发来的分手短信，我们怎么能快乐得起来？是的，谁也不能每天都一帆风顺，这时候才是最考验我们心态的时候。遇到这些事或许谁都不能笑起来，但我们要明白，不管我们开不开心，事情已经发生了，沮丧和眼泪都无法改变局面，甚至会使局面更糟。如果我们选择乐观地面对眼前所发生的事，那么我们的心情就会好转起来，我们就会想办法面对当下的困境，我们的信心也会在无形中增加，这样一来事情就会往好的方向发展。

在工作中，当上司严厉地批评我们时，我们先不要怨天尤人，更不要心生怨恨。先想一想上司为什么会如此批评自己，是不是自己做错了什么，或工作做得不到位，然后把这次经历当作成长的机会。这样一来，我们就不会不快乐了，反而会积极地思索怎样改进工作方法。

交通事故发生了，我们躺在病床上呻吟，这时不要过分担心自己今后的生活，我们要庆幸自己还有生命，这样我们就会更加珍惜以后的生活。如果某天你失恋了，不要觉得失去了整个世界，这时反而要庆幸，庆幸不是结婚后才被抛弃。

快乐，完全是由自己决定的。

穆罕默德和阿里巴巴是很好的朋友。有一次，阿里巴巴与穆罕默德发生了争吵，并打了穆罕默德一个耳光，穆罕默德生气地跑到沙滩上写下这样一句话：某年某月某日，阿里巴巴打了穆罕默德一巴掌。

又有一次，穆罕默德差点从悬崖上摔下去，这时阿里巴巴不顾生命危险，及时拉住了穆罕默德。穆罕默德感激万分，于是在石头上刻下了这样一句话：某年某月某日，阿里巴巴救了穆罕默德一命。

阿里巴巴不解地看着他，问道："你为什么在沙滩上刻下我们的不快，却在石头上刻下我救你这件事。"

穆罕默德微笑着告诉阿里巴巴："我把你我之间的不快与误会写在沙滩上，是希望它在海水涨潮的时候被冲走，而我把我们之间的快乐和友情刻在石头上，是希望它能和石头一样不朽。"

穆罕默德是个聪明人，他选择了快乐，于是快乐也就选择了他。在生活中，当逆境或冲突到来，我们的心便不顺了，心一不顺，快乐也就远离了我们。其实，我们完全可以像穆罕默德一样换一种心情来面对眼前的境遇，让自己洗掉不开心，重新快乐起来。

很多时候我们不快乐是因为太专注得失，太担忧未来，太放不下过去。太专注得失，就会因失去而懊悔、沮丧，甚至痛恨；太担忧未来，就会因不知道未来会发生什么而压力重重；太放不下过去就会背着包袱行走，无法开怀。我们必须明白，"得"是我们的奋斗目标，但得不到就要释怀；顾及未来是正确的，但不能因此被压得喘不过气来；缅怀过去是可以的，但不能沉溺在过去里无法自拔。过分地专注得失、怀念过去、担忧未来，会使自己为挫折和压力所捆绑，难以真正快乐起来。

我们必须学会过好每一天，用自己的意志力去选择快乐的生活方式，人生短短数十载，不快乐岂不是划不来？选择快乐的心情来享受每一天，学会欣赏自己，欣赏他人。欣赏自己的工作，快乐是我们的决定，不完全是情绪上的反应。

导师∽训练营

如何让我的快乐我做主？

第一式，放弃对自己不切实际的期望。有些人把自己的目标定得很高，但却没有考虑自己目前是否有能力达到，一旦遇到挫败，很容易对自己产生怀疑。因而，放弃不切实际的期望，是获得快乐最简单的方式。

第二式，分散注意力。当我们所面对的问题是我们无法单方面解决的时候，我们要做些其他的事情分散自己的注意力。

第三式，进行积极的心理暗示。告诉自己，好运会降临，一切都会好起来。慢慢的，你就会从不快中解脱出来。

独立是女人最大的自由

▶【导师履历】

靳羽西， 她是羽西化妆品公司的副总裁，世界著名电视节目主持人和制作人，又是化妆品王国的皇后、畅销书作家、慈善活动家，她在美国主持的《看东方》电视节目，获得过"杰出妇女奖""终生成就奖"，她高举着女性独立自强的大旗，站在高高的峰顶，唱响了自己内心深处最渴望的自由。她教会广大女性如何做一个精致的女人，如何获得快乐和自由，如何变得美丽而骄傲。

幸福好声音 独立，对于女人而言同样重要，不可或缺

靳羽西以一个美丽而骄傲的姿态，独立而洒脱地过着一个精致女人的生活。我们不明白，为什么一个女人可以活得这样滋润，为什么她可以不受任何人、任何事制约。如果我们拿这些问题来问羽西，羽西会笑语盈盈地用她经常说过的话来回答我们："我知道对于女人来说什么最重要，那就是独立，这是我现在最大的自由。我可以从自己的口袋里掏钱买书，买我喜欢的衣服。现在许多年轻的女孩子需要什么东西就对她的男朋友或爱人说我喜欢这个我喜欢那个，她们是不自由的。我以前曾经嫁过一个很有钱的男人，可是他没有给过我一毛钱。"说这些话的时候，羽西的眉宇间有掩饰不住的洒脱，也有一丝优越感。

的确，独立对于女人来说尤为重要，她不仅能让女人得到应有的地位和尊重，还能减少男人的负累，更容易使家庭生活变得和谐、轻松。换句话说，女人独立是爱护自己最好的方式。

一个独立的女人最先要做到的就是经济独立，一个连买一包针线都要向老公伸手要钱的女人，很难在家庭中长久地拥有话语权，更不用说什么平等、自由，以及其他的权利了。尽管全职太太也是一种职业，同样为家庭做出了贡献和牺牲，但多数情况下，女人还是会感到向别人伸手要钱不自在，尤其是在为娘家或好友提供帮助的时候，向老公要钱更要谨慎。就算有些女人认为向丈夫要钱是天经地义的事，但作为丈夫却会因为自己对家庭的经济贡献而骄傲，从而忽略或剥夺妻子的相应权益。**自己买花戴始终好过伸手向他人要钱，经济独立是女人在婚姻中享有自由的一个重要条件，也是赢得话语权的基础，因而女人就是要有钱。**

当然，女人要独立，除了在经济上独立外，还要在情感上独立。情感独立的女人更容易长久地吸引男人，女人一旦在精神上过多地依赖男人，就会处于被支配的地位，没有自信、喜欢黏人，长此以往，男人就会产生厌倦心理，无视女人的情感需求，最终导致情感变淡，甚至导致婚姻破裂。对女人来说，精神独立很重要，精神独立是女人对自己的认可，女人可以在自己的精神世界里建立一个自己的美好王国，当她自豪地感到自己是这个王国的主人时，她就会在现实社会里找到自信。女人，正因为你与别人不一样，所以你有了别样的美，属于你自己的美。

情感与经济的双重独立是女人爱自己的最好方式，也是女人收获幸福的前提条件。女人应该重视起自己的独立性，让自己生活得更自在、更自信，这样的女人，才能让家庭生活更轻松、更稳固。

男人与女人相爱后决定一起撑起头上的一片天，因为只有这样他们才有足够的空间继续相爱。于是，他们用四只手一起支撑着天。

男人想：我是男人，应该为女人支撑这片天，我有理由让我的女人过得更好。于是，尽管很累，男人还是尽心尽力去付出。

女人想：我是女人，应该让男人撑天，我不用这样受累啊！于是，女人用两只手交换撑天，这样她就轻松了许多。

后来，女人觉得两只手交换撑天也累，就和她的男人商量："你来撑天吧，我不撑了，我给你讲笑话，给你擦汗。"男人同意了。不撑天的女人一边给男人擦汗讲笑话，一边把手挂在男人的脖子上以零距离的方式注视着她的男人。渐渐地，男人累了，无论是笑话，还是擦汗都不能为男人减少些许劳累。再加上女人渐勒渐紧的手臂，他感到快要窒息了。

男人觉得要支撑天，还要承担女人的重量，甚至还要注意自己的表情，他的脑力和体力已经不够用了。他想把自己举起的双手放下，但他觉得不能。因为他对这个女人承诺过，要一生一世地爱她，如果天塌了，女人怎么办！女人是爱他的，她做的一切都是因为女人对他的依赖和信任。但男人总归是个凡人，即使不想放下手，也有筋疲力尽的时候。终于有一天，他再也撑不下去了，然后天就塌了。

女人一旦在经济上失去独立性，即使男人再爱女人也会感到劳累。再加上情感上的依赖，不给男人空间，最终会导致男人因喘不过气来而逃离或被累垮，相信这也不是女人愿意看到的情形。女人独立才能更清晰地认识自己，在家庭中发挥应有的作用，才能长久地保持自己的魅力。

当然，女人独立并不是要女人像男人一样冲锋陷阵，而是不管多少要有自己的经济来源，要保持自己独立的个性，不要一味地把注意力放在自己的男人身上。

想要依靠大树来乘凉的人，也许应该明白一个最朴实的道理：别人的智慧永远不会装在自己的脑袋里，就像别人的钱永远不会跑到自己的口袋里一样。

当然"借"是可以的，但是任何给人恩惠的人，他们想要收回自己的恩赐总是易如反掌，而受惠的人却常常身不由己地被对方控制住—因为"吃人东西嘴短，拿人东西手软"。

美国前总统约翰·肯尼迪的父亲，从小就注意对儿子独立性格和精神状态的培养。有一次，他赶着马车带儿子出去游玩。在一个拐弯处，因为马车速度很快，猛然把小肯尼迪甩了出去。当马车停住时，儿子以为父亲会下车把他扶起来，但父亲却坐在车上悠闲地吸起烟来。

儿子叫道："爸爸，快来扶我！"

"你摔疼了吗？"

"是的，我自己感觉站不起来了！"儿子带着哭腔说。

"那也要坚持自己站起来，重新爬上马车。"

儿子挣扎着自己站了起来，摇摇晃晃地走近马车，艰难地爬了上来。

父亲摇动着鞭子问："你知道为什么让你这么做吗？"

儿子摇了摇头。

父亲接着说："人生就是这样，跌倒、爬起来、奔跑，再跌倒、再爬起来、再奔跑。在任何时候都要靠自己，没人会去扶你的。"

从那时起，父亲更加注重对小肯尼迪的培养，经常带着儿子参加一些大型的社交活动，教儿子如何向客人打招呼、道别，与不同身份的客人应该怎样交谈，如何展示自己的精神风貌、气质和风度，如何坚定自己的信仰等。有人问他："你每天要做的事情那么多，怎么有耐心教孩子做这些鸡毛蒜皮的小事？"

谁料小肯尼迪的父亲一语惊人："这些怎么能算是鸡毛蒜皮的事呢？我是在训练他做总统。"

雨果曾说过："我宁愿靠自己的力量开创我的前途，也不愿祈求有力者的垂青。"只要一个人是活着的，他的前途就永远取决于自己，成功与失败都只系于自己身上。而依赖是对生命的一种束缚，是一种寄生状态。英国历史学家弗劳德说："一棵树如果要结出果实，必须先在土壤里扎下根。同样，一个人首先需要学会依靠自己、尊重自己，不接受他人的施舍，不等待命运的馈赠，只有在这样的基础上，才可能做出成就。"将希望寄托于他人的帮助，便会形成惰性，失去独立思考和行动的能力；将希望寄托于某种强大的外力上，意志力就会被无情地吞噬掉。

人生的风风雨雨，只有靠自己去体会、去感受，任何人都不能为你提供永远的庇护。你应该掌控前进的方向，让目标似灯塔般在高远处闪光；你应该独立思考，有自己的主见，懂得自己解决问题。你不要相信有什么救世主，不该信奉什么神仙或皇帝，你的品格、你的作为，你所有的一切都是你自己行为的产物，并不能靠其他什么东西来改变。

导师训练营　女人如何保持自己的独立性？

第一式，要有一份工作。有工作不仅能够使自己有一定的经济来源，还能够使自己不与时代脱轨，与时俱进才能够和自己的伴侣有共同语言，也才能在工作上帮助伴侣。

第二式，培养一个属于自己的兴趣。有了自己的兴趣，女人就不会把感情过多地放在老公身上，老公也会有自己的独立空间。

第三式，不要忽视自己的人际圈。女人不要围绕着一个男人转，女人需要有自己的交际圈。有了自己的交际圈，就能扩展自己的见识。

简单，
让我们快乐地活在当下

【导师履历】

林清玄，作为著名散文家，曾任台湾《中国时报》海外版记者、《工商时报》经济版记者、《时报杂志》主编等职的他，是台湾作家中最高产的一位作家，也是台湾获得各类文学奖最多的作家。他人如其名，清澈见底，他教我们"难得糊涂"，不要计较人世间的是是非非，做一个简单快乐的人。

幸福好声音　　　　　　**快乐，就是活在当下**

　　林清玄是著名的散文家，他的散文充满禅意和灵性，安心宁神，沁人心脾。虽然名气越来越大，但这位颇具仙风道骨的老人在接受记者采访时却表现得平易近人。当报社记者问到他的座右铭时，林清玄轻笑道："我的座右铭，通常用'3M'的便条纸写一些当日的注意事项。"接着他撕下几张拿给记者看，记者接过便条纸一看，上面写着："出去时，别忘了买首蓿芽""欠讲义的稿件，今日写""缴房屋贷款""帮亮言买毛笔"。

　　记者疑惑地看着林清玄，林清玄饶有兴趣地说："你看，我有这么多座右铭。"

　　记者笑着说："林先生真爱开玩笑，我是说真的座右铭。"

　　林清玄收起笑容，神秘地问："什么是座右铭？"

　　记者说："就是刻在心里，时时用来规范和激励自己的一句话。"

林清玄想了想说："快乐地活在当下。"

听到这里，记者才恍然大悟，原来快乐就是活在当下，而活在当下就是把每一天过好。在林清玄的眼里世界是简单的，因为简单所以快乐。记者问林清玄的座右铭，实际上就把简单的生活复杂化了。林清玄很简单，他的生活就是柴米油盐酱醋茶，和多数人一样，可是这些事虽小，他却从中找到了快乐。单纯的心灵，让生活简单起来，简单的生活让心灵快乐起来。

人为什么会不快乐？因为想得太多，想得太远。想得太多，就容易把事情变得复杂。比如，一个面试失败的人，他会不断追问自己失败的原因，他哪里让考官不满意了？长得不好？能力不够？他下次要怎样做才能让考官满意，等等。有时候，无法找到答案，而有时候即使找到了答案，下次面试时也不一定就会成功，很多人都会在同一个问题上反复犯错误。这时候情绪就会越来越低落。实际上，他完全可以把事情想得简单些。考官没有选中他，不是他不优秀，是对方认为他不适合这个工作，他可以找到更适合自己的工作来做。

想得太远，又往往容易让自己焦虑起来，赶走本该快乐的心情，让当下和近期都难以快乐起来。想要快乐，我们就要多看看现在所拥有的，而不是现在所没有的。我们拥有健康的身体，爱我们的父母，关心我们的友人……我们应该快活地活在当下。

更多的时候，人的不快乐来自于比较，这种人看到别人的物质条件比自己优越心里就会不舒服，看到别人获得掌声和鲜花就会心生妒意，看到别人拥有了自己所没有的东西，就会心理失衡……这种人注定不会快乐。

不能快乐地活在当下，是因为我们的心不再单纯，只有我们的心灵单纯起来，我们才能没有那么多负担。

曾经听过这样一个故事，它很好地说明了快乐的真谛。

有一个国王终日忧愁、闷闷不乐。他听说在偏远的农村有一个年过百岁的老农，虽衣不遮体、食不果腹却一直笑口常开、快乐无忧。国王大惑，遂命侍从请来老农问其原因。

老农笑答："我曾经因为找不到一双合脚的鞋而懊恼，直到我遇到了一个没脚的人……"国王顿悟，大为感慨："知足就是幸福啊！"

知足就是幸福，因为知足是一种良好的生活态度，它能使人变得更加睿智、平和。知足的人不会轻易为身外之物所累，知足的人向往幸福却从不奢求不切实际的幸福，知足的人追求快乐因而总是对生活充满了信心。知足的人大多拥有一颗恬静淳朴的心，他们懂得一心一意地呵护现有的生活，珍惜身边的一切，始终以一颗"得之我幸，失之我命"的平常心看待生活中的成败得失。因为珍惜，他们对生命中的点滴充满感激；因为知足，他们对现在拥有的生活感到无比幸福。

一个人的幸福，不是因为他拥有得多，而是因为他计较得少。如果你还在为领导不给涨工资心生不快，请想想那些下岗待业的人们，起码你还有一份稳定的工作；如果你还在为自己不够英俊潇洒而自卑烦恼，请想想那些要依靠外部力量帮助才能正常生活的残障人士，起码你还拥有一个健康的身体；如果你还在为年迈的父母整日的唠叨而感到厌烦，请想想那些"子欲养而亲不在"的人，起码你还有一个完整的家庭……其实，你一直都很幸福！

凡是读过弘一大师传记的人，都不会忘记他是以怎样珍惜和满足的神情面对盘中餐的：那不过是最普通的萝卜和白菜，他却用筷子小心地夹起放在嘴里，似在享用山珍海味。正像夏丏尊先生所说："在他看来，什么都好，旧毛巾好，草鞋好，走路好，萝卜好、白菜好、草席好……"

令人难以想象的是这位备受敬仰的人物，原本生长在"黄金白玉非为贵"的富豪之家。惜衣惜食，非为惜财惜福；爱人爱物，到了方知爱自己。

有位70多岁的老先生，携一幅祖传名画参加电视台组织的鉴定活动。

他对主持人说，父亲告诉他，这幅画可能价值数百万元，所以，他总是战战兢兢地收藏着。由于自己不懂艺术，这次有这么好的机会，他便拿来请专家们鉴定。

专家鉴定结果很快就出来了，非常肯定地认为，这幅画是赝品。主持人问老先生："这个鉴定结果，一定让您很失落吧？"

老先生憨厚地笑了，说："这样也好啊，至少以后不会再担心有人来偷这幅画，我就可以放心地把它挂在客厅里了。"

快乐，其实是件很简单的事情，简单工作，简单做人，不费力气去猜想别人的心理，不过多地关注自己和别人的得失，少与他人计较，听从自己的内心，感知自己的生活。

只有简单生活，我们才能快乐地活在当下。

导师训练营 怎样让自己简单生活？

第一招，把事情想得简单些。很多时候，复杂的不是事情，而是人心。如果我们能多站在对方的角度考虑问题，那么我们就不会生出那么多的怨气和不满。

第二招，少与他人攀比。每个人都有自己的生活方式，每个人都有自己的快乐和痛苦。别人得到的，始终是别人的，我们也有别人没有的东西。尽量减少攀比心理就会使心灵最大幅度地快乐起来。

第三招，不要太在意别人的评价和看法。如果太在意别人的看法，就会失去自己，这样就更无法简单地生活了。

自我审视，
与自己的心灵对话

▶【导师履历】

李静， 她是一个精力充沛的女人，是中国收视率较高的《非常静距离》《超级访问》《情感龙门阵》《美丽俏佳人》《娱乐麻辣烫》五档节目的主持兼制片人。探究每个人心中的秘密，观察人生百态，她驾轻就熟。在成功的路上，她更是不断反思，与自己的心灵对话，及时调整前行的方向。

幸福 好声音　人生最重要的就是知道自己要什么

　　李静是国内观众都很熟悉的主持人，她以率真、俏皮的主持风格征服了亿万观众，她的《超级访问》在凤凰欧美台播出后，深受欧美华人的喜爱，因而李静在他们心目中有着很好的影响力。

　　面对李静，我们总能放松心情，总能从她幽默风趣的话语里找到闪光点，总被她机智而亲和的谈吐所折服。然而，她却告诉我们，她也曾是一个什么事儿都不懂的女孩儿，荒废过不少时光。

　　有一次，谈起自己的过往，她不无感慨地说："27岁之前，我都在混日子。整天蹦迪、泡吧什么的瞎玩儿，本职工作能少做一分就绝不多做。后来渐渐开始自我审视，觉得这样是在浪费青春，觉得这种生活太空虚了，想要找回自我，于是辞职，重新上学充电，思考人生方向。"

　　虽然每个人的人生都是不一样的，但每个人都需要用心过自己的生活，认真面对自己的人生。李静用她的亲身经历提示我们要经常扪心自问，给自己找寻方向。

经常与自己的心灵对话，知道自己哪里做错了，明白自己要什么，是人生一个很重要的课题。一个善于反省自己的人，容易找到自己在生活中不如意的症结所在，也容易对症下药，让自己减少再次犯错的几率，而关爱自己的心灵，善待它，修正它，也是我们提升自我的途径。

有时候，我们会感到迷茫、困惑，也会因前途坎坷而左右摇摆，这时候我们要与自己的心灵对话，明晰自己想要什么，只有这样，我们才能找到出口，走出一条属于自己的路。

反省自己有时候是不快乐的，要自己承认自己犯了错误并不是在什么情况下都能办到的事情，它需要我们有勇气与自己的心灵对话。我们所做的事对工作有好处吗？我们的言谈举止是不是伤害了他人？我们的心灵是不是受到了不同程度的污染？它是不是还健康？当我们问自己这些问题时，我们可能会为自己所犯过的错而痛苦，但我们的目的不是为了谴责自己，而是要自己避免以后再犯类似的错误。

因而，**反省自己是每个人都不可缺少的内心活动。只有善于反省自己的人，才是能与自己心灵对话的人，才是有能力提高自己的人。**

当自己最为困惑的时候，也是最需要与自己的心灵对话的时候。并不是所有人在任何时候都清楚地知道自己想要什么，当我们无法判断自己内心最初的愿望的时候，我们就要反复地追问自己，我们的目标是什么，哪个目标更容易完善自己，以及对自己未来的发展更有利。人一旦知道了自己想要什么，也就为行动指明了方向。

三个年轻人向一位哲人请教做人做事成功的奥秘，哲人却给他们讲了一个故事：

有三只猎狗追一只土拨鼠，土拨鼠情急之下钻进了树洞，而这个树洞只有一个出口。过了一会儿，树洞里钻出了一只兔子，兔子飞快地向前跑，并爬上了一棵大树，因为仓促，兔子没站稳，一下子掉了下来，砸晕了正在仰头看它的三只猎狗，最后，兔子逃脱了。

故事讲完后，哲人问三个年轻人："你们觉得这个故事有什么问题？"

一个年轻人抢先说道："兔子不会爬树。"

另一个也迫不及待地说："一只兔子没办法同时砸晕三只猎狗。"

哲人看了看没说话的年轻人说："你觉得呢？"

没开口的年轻人眨了眨眼说："我发现土拨鼠没有了！"

哲人点头笑了，他对三个年轻人说："对，这就是问题的关键。土拨鼠才是我们的目标，你们两个人把自己的目标给丢了！做人也好，做事也罢，都要知道自己想要什么，否则就会迷失自己！"

很多人面对人生的困境时不知道怎么办才好，很大程度上这不是因为事情本身有多难处理，而是因为我们丢了心中的"目标"，即我们想要什么连我们自己都不清楚了。

试问，这样又怎么走出眼前的困境呢？就像上述的故事中，本来土拨鼠才是我们的目标，但因为兔子的出现混淆了我们的目标，结果我们忘了土拨鼠这回事。

古希腊著名演说家戴摩西尼年轻时为了提高自己的演说能力，躲在一个地下室练习口才。由于耐不住寂寞，他时不时就想出去溜达溜达，心总也静不下来，练习的效果自然很差。无奈之下，他横下心，挥动剪刀把自己的头发剪去一半，变成了一个怪模怪样的"阴阳头"。如此一来，因为羞于见人，他只得彻底打消了出去玩的念头，一心一意地练口才，演讲水平突飞猛进。正是凭着这种专心执著的精神，戴摩西尼最终成为世界闻名的大演说家。

1830年，雨果同出版商签订合约，半年内交出一部作品，为了确保能把全部精力放在写作上，雨果把除了身上所穿毛衣以外的其他衣物全部锁在柜子里，把钥匙丢进了小湖。就这样，由于根本拿不到外出要穿的衣服，他彻底断了外出会友和游玩的念头，一头钻进小说里，除了吃饭与睡觉，从不离开书桌，结果作品提前两周脱稿。而这部仅用5个月时间就完成的作品，就是后来闻名于世的文学巨著——《巴黎圣母院》。

许多人才华横溢，却往往因为抵抗不住外界的诱惑与干扰而与成功失之交臂。面对外界的干扰，你的抗御力决定了你成功的概率。抗御力越强，你成功的概率就越大。

这从另一个角度证明了吸引力法则的重要性——"心灵的焦点是什么就能吸引什么"。如果你能始终专注于自己的目标，那么你吸引过来的一定是实现目标的希望。

如果你渴望获得什么，那么请首先想象获得它之后的感受，这是你吸引它们的唯一途径。然后，你要让自己相信，你一定能拥有这一切，你也值得拥有这一切。最后，你要时刻都专注于上述积极的想法和感受。

这个想法是否太简单，不像真的？我只是想要拥有一辆新车，就会真的拥有它？只是想象自己在工作中得到了提拔，这好事就会真的发生？这令人很难相信，但就是真的：如果你能积极面对自己的生活，令人满意的生活就会真的降临到你的身上。

反之，如果你认为获得汽车、升职和令人满意的生活都是不可能的，根据吸引力法则，想想你会得到什么样的结果？完全正确——你就是得不到它们。

人生最重要的就是知道自己要什么。只有知道自己要什么，才能找到方向，作出正确的选择。

怎样才能知道自己要什么？

第一招，问问自己内心最想要过什么样的生活。问问自己，自己最喜欢的生活方式是什么，尽量按自己喜欢的方式来生活。比如，你喜欢平淡的生活，那么就要知道保持平淡需要做些什么，不能去强求什么。

第二招，知道自己的兴趣所在，也就明白了自己的优势。兴趣是最好的老师，做自己感兴趣的事就会渐渐找到自己想要的东西。而明白自己的优势，就会知道自己要通过什么方式来追求自己想要的。

爱惜身体
是领悟生命之美的一个方面

▌【导师履历】

梁冬， 他毕业于中国传媒大学广告专业，1998年进入凤凰卫视，相继担任过《凤凰早班车》《体坛消息》《相聚凤凰台》主持人，后因主编并主持《娱乐串串SHOW》而一炮走红。被誉为凤凰卫视新闻娱乐化的形象代言人，其幽默风趣的主持风格深得观众喜欢，获得了广泛的肯定。在这些荣耀的背后，他其实也是一个懂得爱惜自己的普通男人。他说："身体是自己的，青春可以挥霍，但懂得爱惜自己的人才能微笑着走到最后。"

幸福好声音 没有健康的身体一切都不存在

梁冬，干净、干练、阳光开朗。这是一个充满魅力的男人，一个与媒体结下不解之缘的男人，先是凤凰卫视，再是百度，再到中央人民广播电台，一次次华丽转身，一次次登高再上。

这个男人是细心的男人，也是懂得如何生活的男人，为什么这么说呢？如果我们走进他的生活，就会发现这一点。那就是他再忙也要锻炼身体，我们可能在他家附近的林荫小路上遇见他，他会穿着整洁的无印良品休闲服边跑边与我们轻谈。

如果我们问他什么对他来说最重要，他会狡黠地眨眨眼睛说："你看呢？身体呗！很多人对身体也不了解，只把它当作机器，任由其损耗而不懂得爱惜。要知道身体是自己的，它可以吸收天地能量，是超越机器的。爱惜身体是领悟生命之美的一个重要方面。"

梁冬一直很珍视自己的身体，身体是一切活动的根本，没有好的身体，再有能力的人也难以应付各种各样的事情。所以，梁冬特别关注自己的健康状况，保障足够的睡眠，用最好的精神状态来做工作。

所谓的人生是靠生命来承载的。人生的喜怒哀乐、跌宕起伏都是以我们存活在世为前提的，没有健康的身体一切都不存在。所以，当我们拥有好的身体时，一定要好好对待和保养它，当我们的身体出现不好的状况时，我们要好好地医治护理它。

托马斯·沃森是IBM的前总裁，这位叱咤商场的老将患有心脏病。有一次，他在工作中病发，必须马上入院治疗。当医生劝他住院时，他立马跳起来说："我怎么有时间？公司那么大，每天都有大大小小的事情等我去裁决，没有我在公司会受到严重影响！"

医生不慌不忙地说："你跟我出去走走。"于是，托马斯跟着医生来到了墓地。

医生指着一个个坟墓说："这些死去的人生前同样成就非凡，现在他们死了，但他们留下的庞大公司仍在运转。没有你，你的工作会有人接着做，你死后，公司还会照常运作，不会关门大吉。"托马斯不说话了。

第二天，托马斯向IBM董事会递交了辞呈，并入院接受治疗。之后，便过起了逍遥自在的生活。

如果托马斯不听从医生的劝告，继续留在公司效力，那么他的病情肯定会继续恶化下去，到最后不用说继续工作了，就连过上普通老人的生活都是奢望。这样的人生是悲哀的，连命都没有了还拿什么去生活？

有一位企业总裁孜孜不倦地工作着，他梦想着有一天能笑傲商场，名垂千古，为了实现这个梦想，他一次又一次地挑战高强度的工作，慢慢地他的身体已经不堪重负了，可为了工作，他竟然把办公室变成了一个小型医疗室。

家人为了他的健康，千般劝解，他始终不为所动，无奈之下，家人请云空禅师帮忙。

云空禅师邀请总裁去寺院品茶赏竹。总裁不想辜负家人的一片苦心，于是便驱车前去。

在禅院里，总裁觉得心静神爽，身体也非常舒适。

云空禅师又邀请他去后院走走，总裁欣然答应。

在后院中，摆放着很多灵位。云空禅师说：“这些都是后人为了超度亡者灵魂而特意供奉的。”

总裁上前去，发现灵牌上很多名字都很熟悉，不由眉头紧锁。

云空禅师说：“施主认识这些人？”

总裁于是指着这些人，一一细说他们在商界的风云事迹。

云空禅师说：“这些都是施主的前辈吗？”

“不！”总裁说，“这些都是我的同辈。”

云空禅师叹了口气：“名利终究抵不过一捧尘土啊！”

总裁顿悟，回去马上召开董事会议，毅然辞掉了自己的职位，开始在家修养身心，安度晚年。

充沛的体力和精力是成就伟大事业的先决条件，这是一条铁的法则。然而有些年轻人虽然年龄还不到30岁，但已经开始显得老态龙钟了。年轻时这些人多仗着有健壮的体格便拼命工作，刚到中年，他们就已经把自己巨大的“资本”挥霍一空了，虽然身体已经成了生锈的机器，可此时他们名利小成，无论如何都不愿意松手，于是，继续拖着残败的身体拼命挣扎。

由于体力、精力的持续高强度付出，严重破坏了人体的生理规律和节奏，体内能量、资源出现严重的"财政赤字"，入不敷出。疲劳像蛀虫般潜伏在体内，慢慢侵蚀着身体的大厦，这时血压升高、动脉硬化等病况逐步从量变转化为质变，严重威胁着生命的安全。也许，有些人外表看来似乎还可以，但实际上已经是外强中干了。过度劳累的人就如同一盏燃油即将耗尽却又没有灯罩的油灯，若明若暗，一旦遇到一股较强的风，就会骤然熄灭。

　　正如梁冬所说："生命是自己的，它能向宇宙吸收能量，是超越机器的。爱惜身体是领悟生命之美的一个重要方面。健康是不可忽视的大问题，我们在关注自己工作的同时，也要关注自己的健康。"

导师
训练营

怎样远离亚健康？

　　第一招，均衡营养。补充维生素A和维生素C，以及维生素B1、B2，广泛摄取含此类元素的食物有利于改善肌肤，稳定情绪。

　　第二招，运动。骑车、慢跑、打球等方式都能锻炼身体。

　　第三招，注意休息。保证足够的休息时间，休息好才能提高免疫力，才能远离亚健康。

一个人品茶、两个人对谈，人生就在这丝丝缕缕的清香里散溢开来。人生就如同品茶，每一个步骤都急不得、每一口都别有韵味，要品到极致的幽香的茶，需要火候和时间。就如同人走路，到达目的地的路上有风有雨，有苦有甜，而每一段路都不是白走的，它都能给我们带来不同的感受，不同的心灵体验，像飘逸的茶香，由苦到甜。

PART 2

经历的声音

—————— 每段路都不是白走的 ——————

人生处处是风景，珍惜每一份体验

吴小莉，香港凤凰卫视资讯台副台长兼新闻主播，出生于台湾，原籍浙江，辅仁大学大众传播学系毕业。1988年考入台湾中华电视公司CTS，1996年凤凰卫视开播，吴小莉担任节目主持、新闻主播，直至资讯台开播兼任副台长至今。她懂得生活的美，也努力地寻找着美的可能。

幸福好声音　珍惜每一份体验，欣赏沿途风光

吴小莉，一个集优雅、平和、干练、生动于一身的女人，曾被朱镕基总理钦点做香港回归的专题报道。她是什么人？她有着怎样的魅力能够获此良机？她只是个普通人，不同的是她比别人更懂得进取与选择，更懂得淡定和从容。

当我们满怀欣赏、充满羡慕地向吴小莉寻找她的幸福和成功的经验时，吴小莉优雅地理了一下遮在眼前的短发，不紧不慢地轻声道来："人生每一处都是风景，每一处都需要转换角色。而人生角色的每次转换，痛苦的剥离中，自有一份期盼。人生就是一场不断抉择的游戏，有风雨，有艳阳，抉择前慎重考虑，决定后轻轻放下。人生的寻宝图，或许只有一个宝藏，不要怕走错路，珍惜每一份体验，保持好心情，欣赏沿途风光。"

一句说罢，宛若一缕和煦的春风吹入心田，我们开始把我们浮躁的、拥挤的、落寞的、狂傲的心情收入包中轻轻放下。是的，人生每一处都是风景，光鲜的、破败的、优雅的、简陋的、风和日丽的、暴风骤雨的……每一份都有它的价值所在，每一份都给我们带来不同的心灵体会，而这些体验让我们的人生丰富起来，让我们的心灵充盈起来。同时，它也为我们提供了一笔潜在的财富。

我们饱尝了失败的艰辛，就会格外珍惜成功的喜悦；我们见识了人在低处时的冷暖，就会格外珍惜在我们落魄之时得到的友谊。人生处处是风景，如果我们不懂得欣赏沿途的风光，也就辜负了上天给我们的馈赠。也许有时候我们走错了路，前途不明朗，崎岖多险，但也正是这崎岖的路让我们探知了人生的瑰丽。

人生处处是风景，只要我们有一颗积极向上的心就能感受到它的美。当我们把得意、失意、顺境、逆境都看作风景时，我们便学会了淡定，学会了从容，学会了坚持，同时也学会了用心感受生命。

人生处处是风景，如果我们有一颗童心未泯的心就能发现。人的一生会经历很多，对人对事有一份好奇之心，保持一份纯净之心，那么我们的生活就会充满乐趣。这里的风景与那里的风景有什么不同？这样去看待人生，我们就会活得很开心。

生活中原本有许多美妙的东西，只是我们的心灵太匆忙、太浮躁了，没有好好去品味那些隐藏在生活背后的美好真义。其实，只要你肯打开心灵的窗户，用一颗平静的心态去欣赏生活、感受生活，你就会发现生命中充满了精彩和快乐。

释迦牟尼在没有成佛之前，经历过很多次的磨难，从中领悟了许多人生道理。

有一天，释迦牟尼要进行一次长途的跋涉，因为急于到达目的地，便无视路程的遥远艰辛，只顾着马不停蹄地赶路。长路漫漫，释迦牟尼累得气喘吁吁，终于看到自己想去的地方了，他长长地松了口气。就在心情放松的同时，他感觉到自己的鞋里有一颗小石子磨得一只脚很不舒服。那颗石子很小，小到让人几乎忽略了它的存在。

其实，在释迦牟尼刚开始赶路不久，他就已经清楚地感觉到那颗小石子在鞋子里，不时地刺痛着他的脚底，让他觉得不舒服。

然而，释迦牟尼一心忙着赶路，不想浪费时间脱下鞋子取出它，索性便把那颗小石子当作是一种历练，不去理会。

直到这时，他才停下急切的脚步，心想：既然目的地快要抵达了，且还有一些余暇，干脆就在这儿把那颗小石子倒出来，让自己轻松一下吧！就在释迦牟尼低头弯腰准备脱鞋的时候，他的眼睛无意间瞄向沿路的景色，发现一路上的风景竟然是如此的美丽。

他当下便领悟了一个道理：自己这一路走来，如此匆忙，心思意念竟然只专注在目的地上，其实，过程也是一道风景，正如成佛前的修行一样。

释迦牟尼把鞋子脱下，然后将那颗小石子拿在手中，不禁赞叹着说："小石头啊！真想不到，这一路走来，你不断地刺痛我的脚，原来是在提醒我慢点儿走，注意生命中的一切美好事物啊！"

生活是一处看不厌的风景。我们的生活可以很平凡、很简单，但只要我们仔细用心去体味，去感受，就能够发现生活背后有很多美妙的东西。

正如罗丹所说的，"生活中不是缺少美，而是缺少发现"，不会欣赏每天的生活是我们最大的悲哀。**其实我们不必费心地四处寻找美，美本来就是随处可见的。**

很多时候我们不顾一切地追逐某些东西，而且乐此不疲，但直到最后才发现，在自己匆忙赶路寻找风景的时候，却失去了沿途最美的风景。在自己全力奔向功名利禄时，却错过了很多人和事。

导师训练营 　　**怎样去欣赏身边的风景?**

　　第一招，无论失意还是得意都要告诉自己这只是一道风景，不是永恒。风景是会随着我们行走而一闪而过的，所以不要在意眼前的得失。

　　第二招，如果暂时无法摆脱心灵上的包袱，那么去看看别的风景。看到别人的不幸，就会感叹自己的幸运。人们之所以感到不幸是因为心里没有满足，而心里没满足是因为总是跟比自己好的人比较。当你为穿什么鞋而烦恼时，一个没有脚的人会让你有所思。

在冰封的深海里
瞥见绝美的阳光

▶【导师履历】

几米， 本名廖福彬，是台湾著名绘本画家，1999年出版《向左走向右走》，获选为1999年金石堂十大最具影响力的书，并掀起台湾绘本创作风潮。他的作品被翻译成数十种文字，畅销世界，其作品常以细腻的笔触刻画淡淡的疏离感而被大众喜爱。唯美哀伤的作品风格仿佛是浮躁世界最美的宁静，深深吸引着寻找温暖和关爱的人们。

幸福好声音

人失去什么都不能失去希望

几米的漫画风靡两岸三地，在世界范围内都很畅销。在没有见过这个漫画家之前，我们会根据他的漫画来揣度他的形象：一个带着眼镜、眼神忧郁的王子，总是站在我们的对面细细地打量着我们每一个人，之后再转动他的画笔，记录下我们的喜怒哀乐以及我们的心灵世界。

当几米来到镜头前，来到我们的身边时，我们才发现，他是一个内向而腼腆、安静而敏感、低调又淡泊的中年男子。当我们惊讶于想象和现实的差异时，几米粲然一笑对我们说："人不是鱼，怎会了解鱼的忧愁；鱼不是鸟，怎会了解鸟的快乐；鸟不是人，怎会了解人的荒唐；你不是我，怎会了解我。"我们就知道，谁也不会完全了解谁，因为谁都不是谁。而当我们与他谈及人生时，他不假思索地抛出了一个理念："所有的悲伤，总会留下一丝欢乐的线索，所有的遗憾，总会留下一处完美的角落，我在冰封的深海寻找希望的缺口，却在惊醒时，瞥见绝美的阳光！"

听了几米的话，我们再不会误以为几米是个忧伤王子，他有坚强的一面和乐观的一面，给人希望和向上的一面。他能在最绝望的时候看到希望，也能在最不堪的回忆里找到温暖和慰藉。从某种意义上来讲，他比我们任何人都强大，比我们任何人都有力量去迎接人生中所发生的事情。

我们静坐下来凝神细想，我们生命中那些悲伤的往事里，是不是都有一些欢乐的线索？我们失恋了，心很痛，但我们曾经是那么的欢乐啊！正是因为有欢乐，所以我们才会痛。我们眷恋的并不是那个人，是曾经有过的欢乐啊！我们事业进入低谷，朋友离我们而去，爱人也走掉了，我们几乎陷入绝境，但总有一样东西我们还拥有，那就是教训。实际上，我们是要庆幸的，在我们低谷的时候离开我们的人并不是值得我们结交的人，在我们失落时候走掉的爱人并不是我们要坚守的爱人。他们越早离开我们，也许我们就越幸运。我们该感到欣慰才是，因为我们认清了一些人。

所有的遗憾都会留下一个完美的角落，人为什么会遗憾？因为对有些东西没有感到满足，也正是这种不满足使我们记住了一些人，一些事，也使我们懂得了珍惜。也因为有遗憾，所以我们还会向往，向往那个不完满却完美的角落。所以我们知道，所有的事情都是有价值的。

"在冰封的深海，寻找希望的缺口，却在惊醒时，瞥见绝美的阳光"，每个人都有自己觉得走投无路的时候，每到这个时候，我们会绞尽脑汁地寻找出口，但是，当我们寻不到出路的时候会灰心，会绝望，会不自觉地陷入混乱之中，而当我们有一天幡然醒悟，却会发现事情要比我们想象的容易，人生本来就没有绝路，有的只是自己不转弯或是被堵塞了的思路。只要我们心中的渴望不灭，我们的路就不会断绝。

一个人失去什么都不要紧，最怕的是失去希望。人一旦对自己不抱有希望，也就失去了改变现实的勇气和动力，这个时候，即使是能做到的事情也

没有勇气和激情去尝试了，因而，失败也就成了必然。所以任何时候都不要放弃希望，即使是在看似绝望的时刻。

琼斯最开始的时候只是一个农民，他在美国威斯康星州经营一个小农场，但农场所产出的产品也只能够满足他的家庭所需，尽管这样，他的日子倒也能够过下去。

琼斯的这种生活一直跟随他到晚年，不幸的是，琼斯在这个时候得了全身麻痹症，这种病让他几乎丧失了基本生活的能力。无论是他的亲戚们还是邻居们，都认为他以后再也不会有什么作为了，他能做的就是等待死亡的到来。

但是令人意想不到的是，琼斯并没有就此一蹶不振，相反，他创造了生命的奇迹，并拥有了成功的事业和幸福的人生。

琼斯是怎样改变自己的命运的呢？是心态，是积极的心态。琼斯认为自己的身体虽然麻痹了，但他还能思考，他的智慧还在。正是这种乐观的想法，让他开启了积极心态的巨大能量。

于是，琼斯抓住了积极心态这棵救命稻草，他要满怀希望，他要抱着乐观的心态培养自己积极的情绪，他要把自己的梦想变成现实，他要成为有用的人，他要他的家人幸福，而不是成为他们的负担。

经过一段时间的思考，琼斯有了一套切实可行的计划，他把家人都召集在一起，然后把他的计划讲给他们听。

琼斯说："我现在已经没有行动的能力了，但是，我还有灵活的思维，还有创造生活的智慧。如果你们愿意，你们每一个人都能够代替我的手足，我的身体。所以，我想把我们的农场全都开垦成耕地，种上玉米，然后我们再养一些猪，用我们收获的玉米喂猪。当我们的猪还幼小肉嫩时，就把它们宰掉，做成香肠；最后，我们给这种香肠设计一种特殊的包装，用我们特有的牌子出售。这样，我们就可以在全国各地的零售店出售这种香肠。请相信我，我们的香肠一定可以像热糕点一样出售的！"

后来，琼斯的梦想变成了现实，香肠真的像热糕点一样出售了。几年后，"琼斯仔猪香肠"成了广大消费者喜欢的一种食品。

琼斯在最容易产生绝望的时刻没有放弃希望，他最终获得了成功。如果我们也能像琼斯一样对自己的未来不放弃，那么我们也一样能创造出奇迹。

导师训练营　　怎样在绝望中寻找希望？

第一招，坚守信念。在看似没有希望的环境中，告诉自己，只要活着就有希望。只要相信自己，就能走出困境。

第二招，多接触一些人，多了解一些事。多接触一些人，在别人身上寻求帮助未尝不是一个好办法。多了解一下事情的来龙去脉，说不定就会找到症结所在。

失败是一种隐形财富

史玉柱，他曾是巨人高科技集团的创始人，曾是中国亿万富豪，也曾一夜之间负债2.5亿，一贫如洗。然而，巨人就是巨人，他没有被失败吓倒，也没有悲伤绝望，而是积极寻找症结所在，吸取失败的教训，依旧斗志昂扬地进行着自己的"淘金梦"，散发着坚强不屈的斗志，向世人展示自己的无限可能！

幸福 好声音 **不经历风雨，怎么见彩虹**

也许对大多数人来讲，我们熟知史玉柱，是因为他创立了"脑白金""黄金搭档"，从而一跃成为"中国首富"；也是因为他的珠海巨人大厦欠债上亿，又一下子成为名副其实的"中国首负"。从一贫如洗的穷小子到"中国首富"，史玉柱用了6年时间，而从"中国首富"到"中国首负"，史玉柱只用了两年时间。累积财富的过程，往往是漫长而艰辛的，但是，当失败来临的时候，财富的流失速度，却如大厦倒塌般迅速。

巨人集团的史玉柱立志要做中国的IBM，要做"东方的蓝色人"。巨人集团的产值目标可谓大矣：1995年10亿元，1996年50亿元，1997年100亿元。单从数字上看，确立这样的目标也并非只有巨人集团一家，IBM、英特尔、微软等大公司在快速的成长期也有过每年50亿元的增长目标，问题的关键并不在于数字应该定多少，而在于巨人集团可以做到多好。后来的事实证明，这些目标是不切实际的。

不仅仅是产值目标，史玉柱所制订的许多目标都是在没有充分考虑企业内外环境的前提下提出的。巨人大厦就是最典型的一例。巨人大厦是史玉柱最失败的一次重大投资，他盲目进军房地产业本来就是一个错误的决定，而片面追求把巨人大厦建成全国最高的大厦更加大了风险。更令人瞠目结舌的是，这么大的工程从1994年2月动工到1996年7月，期间史玉柱竟未申请过一分钱的贷款，全凭巨人集团的固有资金和卖楼所得的钱支撑。巨人大厦几乎抽干了巨人集团的血，史玉柱还把本来应该用于生产运营的资金全部投入到大厦上，结果使能给企业带来大部分利润的生物工程一度停产，从而导致资金补给线中断。

迅速萎缩的巨人产业迫使史玉柱作出抉择：是继续加高巨人大厦，还是挽救巨人产业。从1996年11月份开始，史玉柱不得不控制巨人产业的资金流通，不再给巨人大厦输血，将巨人大厦与巨人产业一刀切断，以此来挽救奄奄一息的巨人产业。但为时已晚，在民众的讨债声中，"巨人"轰然倒塌了。

1997年，史玉柱欠债上亿，终于挂上"中国首负"的头衔，大批追债的人成了"公司上班最勤快"的人。但是，他没有停留在低谷苦苦抱怨，因为他知道，失败是一种隐形的财富。后来，他积极吸取自己失败的教训，只用了短短十年时间，不仅还清了债务，还迅速把财富聚集到数百亿，虽然对其营销手法多有诟病，但对于史玉柱的品质，业界还是相当认同的。我们很难想象从"中国首负"到"中国首富"之间有多大距离，但是我们实实在在看到了史玉柱的再次崛起和巨大成功。

经历过失败，崛起后的史玉柱不无动情地对我们说："**失败是一笔隐形财富，若能从中吸取经验教训，那就收获了巨大的财富。**"

平时我们都说失败是成功之母，当我们去思量史玉柱的话时，我们便能体会出这句话的含义。史玉柱说失败是笔隐形的财富，财富体现在哪里？财富就体现在被我们所吸取的教训里。可是没有一个人愿意失败，但有时候命运并不会让成功轻易来到我们的身边，它会在我们不留神的地方出现，给我们出一些难题，如果我们把这些难题看成一座无法逾越的高山，那么我们便永远无法翻越它。可如果我们把它当作成功的垫脚石，那么我们就会踩着这些垫脚石摘到成功的果实。

失败有很多种，不仅指事业上的失败，也包括学业上的、情感上的、家庭上的、生活上的等等。但不管哪种失败，它都是一种难得的财富。

当我们的一个战略决策失败后，我们痛定思痛，以后作决策时就会尽量降低风险，作出符合客观规律的决定；当我们告别一段恋情，我们会伤心，但我们会从上一段感情中学会如何与异性相处，这为经营好下一段感情提供了经验；当我们家庭出现变故后，我们很难过，但我们也因此对眼前的幸福更加珍惜……每一次失败后，我们都能从中学到很多经验和教训，这些经验和教训就是无形的财富，会指引我们走上正确的路。

如果我们不能从失败中吸取教训，那么我们就会反复地在一个地方跌倒，这是每个人都不愿面对的。可见，只要我们善于总结，失败就能增长我们的见识，促进我们越发成熟起来。

每个人都不可避免地要承受生活的苦。一味地怨恨是可悲的。苦难不是不幸的情报员，恰恰相反，它往往是通往幸福的敲门砖。虽然会承受精神上的折磨，会看不到前方的光亮，但正是因为经历了这些，你才开始成长，你才开始知道怎样积累生活的经验。

有个渔夫有着一流的捕鱼技术，被人们尊称为"渔王"。依靠高超技术，"渔王"积累了一大笔财富。

然而，年老的"渔王"却一点儿也不快活，因为他3个儿子没有学会他的高超技术。

于是他经常向人倾诉心中的苦恼："我真想不明白，我捕鱼的技术这么好，我的儿子们为什么这么差？我从他们懂事起就传授捕鱼技术给他们，从最基本的东西教起，告诉他们怎样织网最容易捕捉到鱼，怎样划船最不会惊动鱼，怎样下网最容易'请鱼入瓮'。他们长大了，我又教他们怎样识潮汐，辨鱼汛……我多年辛辛苦苦总结出来的经验，我都毫无保留地传授给了他们，可他们的捕鱼技术竟然赶不上技术比我差的其他渔民的儿子！"

一位路人听了他的诉说后，问："你一直手把手地教他们吗？"

"是的，为了让他们学会一流的捕鱼技术，我教得很仔细、很耐心。"

"他们一直跟随着你吗？"

"是的，为了让他们少走弯路，我一直让他们跟着我学。"

路人说："这样说来，你的错误就很明显了。你只是传授给了他们技术，却没有传授给他们教训，而没有教训与没有经验一样，都不能使人成大器。"

人生其实没有弯路，每一步都是必须的。所谓失败、挫折并不可怕，正是它们才教会我们如何寻找到经验与教训。如果一路都是坦途，那只能像渔夫的儿子那样，沦为平庸。

导师训练营　怎样从失败中吸取教训？

第一招，分析失败的原因。每一次失败都是有原因的，自己哪里做错了，哪里疏忽了，哪里画蛇添足了……都要认真地分析。只有知道失败的原因，才能知道如何避免再次犯同样的错。

第二招，设想一下解决的办法，不妨做个小实验，看看自己的办法是否行得通。

    第三招，想想补救的办法。一旦失败，不要急于自怨自艾，要先冷静下来想想补救的办法，如果能够找到自然是好，如果不能补救，那就要想想如何面对以后的路。

拿得起来也要放得下去

▶【导师履历】

张欣， 她是一个背后的女人，但注定淹没不了其光芒。这位1992年获得英国剑桥大学发展经济学硕士学位，先后在高盛集团和美国华尔街投资银行旅行家集团任职，负责中国直接投资项目的女人，在1994年成为了潘石屹的妻子，和丈夫携手在建筑界打天下，并成为SOHO 中国联席总裁。凭借"长城脚下的公社"获得了相当于建筑领域奥斯卡奖的全球"建筑艺术推动大奖"。

幸福好声音 正确对待得失，便会得到平静与安然

提起张欣，人们最先想到的是SOHO中国联席总裁，潘石屹的妻子。这个能将艺术与商业巧妙结合起来的女人，也将她在西方学到的东西与丈夫的东方智慧融合在一起，创造了中国地产业的奇迹。我们能看到的是张欣的锋芒与风韵，但很少有人知道这个美丽、精明、前卫的女子骨子里却蕴含着一种洒脱的从容和淡定。她对财富、对名利、对周遭的事物保持着恬静的心态，镜头前的她谈到自己的经历和财富时，一脸的平静与祥和，她淡淡地说："财富今天在你这儿，明天可以到别人那里去，在的时候不要太过欢喜，去的时候也不要太忧伤。"

听到这句话我们不禁慨叹，这才是一个真正经历过风雨的传奇女子，一个懂得生活、懂得人生的女子。是的，这个社会不缺乏有财富的人，也不缺乏奋勇拼搏、努力争取机会的人，但这个社会却缺乏那种既有财富又能保持

平和心态的人，缺乏那种看得透、拿得起放得下的人。

人生要有所追求是必不可少的，但一些无谓的执著却是要抛弃的，现实生活中的很多事都需要人们具有拿得起来的魄力和放得下去的勇气。比如财富，我们可以追求，但是不能因为生意的失败、财富的损失就绝望颓废。正如张欣所说，财富今天在你这儿，明天就可以在别人那里。也就是说，财富今天可以在别人那里，明天也可能在你这里，要以平常心去面对自己所追求的东西。得之，喜而不傲；失之，惜而不郁。保持一颗淡定平和的心，才能潇洒于世间，快乐生活。

能拿得起来、放得下去是需要胸襟和肚量的，对于人生路上的鲜花和掌声，多数人还能等闲视之，但对于失意和坎坷能等闲视之的人并不多，因为放得下去有时候比拿得起来更需要勇气和胸怀。

有时候，生活会逼迫我们不得不交出权力，不得不放走机遇，甚至不得不抛弃爱情。我们不可能什么都得到，所以，在生活中应该学会放弃。

浪漫诗人徐志摩曾说过这么一句话："得之我幸，失之我命。"

凡事都是如此，无论我们做什么，只要努力争取过，得不到也没有什么可惜的，要拥有该放就放、平和对待得失的心态。反之，我们一味埋头去做根本就不可能办到的事，去苛求自己得不到的东西，只会给自己带来苦恼。所以，我们必须在纷繁琐碎的生活中学会选择与放弃。

大发明家爱迪生的一生可谓坎坷不断，甚至在他67岁时，他的实验室毁于一场火灾，损失达到了将近350万美元，而他的保险金额只有40万美元。金钱损失还是小事，更令人遗憾的是，他所有的研究成果都毁于一旦，他的学术论文集、所有的图样和笔记都付诸一炬，他的事业被摧毁了。

很多人都在为爱迪生捏着一把冷汗，认为这样大的打击，老人家是否能承受得住。但令人想不到的是，面对着几乎烧掉了他一生心血的大火，他却非常冷静，他甚至微笑着看着火焰一点点儿地蔓延。

大火燃起的时间里，他只做了一件事情，就是急忙请别人将他的妻子带到自己身边。当妻子到达现场的时候，他平静地看着妻子说道："看呀，我们有生之年再也见不到这样壮观的场面了。灾难有很大的价值，我们所有的错误都被烧掉了。谢天谢地，我们又能完全从头开始了。"

在得失面前，平和是智者面对生活的明智选择，只有懂得时时以平和心态正确对待得失的人才会时时感到平和快乐。

正如爱迪生所说的，"只有失去了才能重新开始，才有新的机会获得成功"。这样的失去其实是为了得到，是在放弃中开始新一轮的进取。

拿得起，也要放得下。反过来，放得下，才能拿得起。荒漠中的行者知道什么情况下必须扔掉过重的行囊，以减轻负担来保存体力，努力走出困境而求生。该扔的就得扔，连生存都不能保证的坚持是没有任何意义的。

做到得失无挂碍，即使是灾难也不足以让我们垂头丧气。如果我们有爱迪生这样的胸怀，便会像他一样，微笑着看着失去的东西走远，然后再平静地接受新的开始，你能确定灾难拿走的不是我们的错误吗？

有时候，可能一次可怕的遭遇使我们备受打击，认为未来都因此失去了希望。在这种时候，我们必须让自己相信，灾难中也常常蕴含着机遇。

得失由心，人才能生活得更轻松。陷进泥潭时，要知道及时爬起来，远远地离开那里，不要去管里面是不是还埋着珍贵的东西。懂得选择与放弃，正确对待得失的人，才是智者。人生并不完美，总有遗憾，但若正确对待得失，便会得到平静与安然。不会放弃，就会变得极端贪婪，结果什么东西都得不到。

放弃自己得不到的，让它成为你人生中的一段往事。抛开过去的牵绊，你可以更好地活在当下。珍惜你所拥有的，才能更好地享受人生。得失不放在心中，我们才可以轻装前进，攀上人生更高的山峰。

导师 训练营　怎样才能拿得起放得下？

第一招，多想想舍不得之事的弊端。对自己放不下的人和事，多想想如果得到，会有什么弊端，而这些弊端有可能导致我们今后的生活陷入不幸或混乱中。这样，我们就不会那样迷恋放不下的事情了。

第二招，多读书。读书可以舒缓心情，释放我们的负面情绪。生活中很多问题都不是大问题，关键是怎么看。

第三招，想要拿起就要有放下的觉悟。作某个决定之前先衡量利弊，如果利大于弊，就不要犹豫，同时告诉自己即使失败了也不后悔。

每一步都不可缺少

【导师履历】

席慕容， 她是著名诗人，是散文家，更是画家。这位蒙古族王族之后，随家落居台湾的女子凭借一本《七里香》，在台湾刮起一阵浪漫唯美的旋风，接下来《成长的痕迹》，则表现了她另一种创作形式，延续着新诗温柔淡泊的风格。热爱草原的她用最柔软的心体验着生活，用曾经编织明天的太阳，满面笑容。

幸福 好声音　珍惜生命，珍视今天

席慕容，一个纯美素净的蒙古女子，随同家人几经辗转来到台湾，并在台湾开始了自己的创作之旅。这个热爱草原的女子用草原一样的情怀处理着她身边的事物，赢得了人们的欣赏与爱戴。当我们坐下来与她一起喝着奶酒探讨人生的时候，她用她一贯平和的语气，温和而不失坚定地对我们说："原来，所有已经过去的时间其实并不会真正地过去和消失，原来如果我曾经怎样地活过，我就会怎样地活下去，就好像一张油画在完成之前，不管是画错了还是画对了，每一笔都是必须和不可缺少的，我有过怎样的日子，我就将会是怎样的人。"

从席慕容的话里我们读出了她对生命的彻悟和宽容，也读懂了她内心里的那份坚定与从容。是的，人生很长，我们会经历很多，也会领略不同的风景，我们的每一步都是不可缺少的，没有了这些脚步，我们也就没有了来时的路，也就没有了现在的我们。纵然是走错的路，也不是白走的，它让我们参与了自己的生命进程，让我们更加了解人生的起落。我们应当接受我们行走的每一步，不管是走对了，还是走错了。**错，有时是必经之路。正因为错，才会得到不错的经验；正因为错，人生才能越走越有底气。因而，我们应当珍惜错，也应当改正自己的错误。**

方杰气冲冲地回到家里，进门后使劲儿把门关上。他的母亲正在做饭，看到方杰生气的样子，便要方杰到厨房向她说说是怎么回事。

方杰不情愿地走到母亲身边，气呼呼地说："妈妈，我现在非常生气，李强居然在背后说我的坏话。"方杰的母亲边做饭边静静地听。

方杰说："李强让我在朋友面前丢脸，我现在特别想和他吵一架，希望他碰到倒霉的事情。"

方杰的母亲走到墙角，找到一袋木炭，对方杰说："儿子，你把前面挂在绳子上的那件白衬衫当作李强，把这个塑料袋里的木炭当作你想象中的倒霉事情。你把木炭投向白衬衫，每投中一块，就象征着李强遇到一件倒霉的事情，我们看看你把木炭投完了以后白衬衫会是什么样子。"

方杰觉得这个游戏很好玩，他拿起木炭就往衬衫上投去。可是衬衫挂在比较远的绳子上，他把木炭扔完了，也没有几块扔到衬衫上。

母亲问方杰："你现在觉得怎么样？"

"累死我了，但我很开心，因为我投中了好几次，白衬衫上有好几个黑印子了。"

母亲见儿子没有明白她的用意，于是让方杰去照照镜子。方杰在一面大镜子里看到自己满身都是黑的。

母亲这时才说道："你看，白衬衫并没有变得多脏，而你自己却成了一个'黑人'。你希望倒霉的事情发生在别人身上，结果最倒霉的事却发生在你自己身上了。有时候，我们的坏念头虽然在别人身上兑现了一部分，别人倒霉了，但是坏念头也同样在我们身上留下了难以消除的污迹。"

方杰这才明白了母亲的用意。

每一个人今天的果都是他昨天的因，人生就是一个环环相扣的因与果，当然这里的因果并不一定指宗教上的因果，也包括哲学上的因果。随着时间的流逝，我们不会只停留在昨天，但昨天却在我们的身上烙下痕迹，它塑造了我们的性格，给了我们不同的际遇和经验，借着昨天我们才成为今天的样子。有人说，如果你感觉不快乐，那么，一定是你前段时间没有处理好某些事情。细想起来，确实如此，如果我们把前一段所涉及到的事情都处理好，那么就不会有现在的烦忧了。

导师训练营　怎样走好人生的每一步？

第一招，面临选择时要谨慎。面临重要选择时要谨慎，多衡量所作选择的利弊。只有利大于弊的选择才值得去做。

第二招，做错了，就要接受自己的失误，从中得到教训。每个人走错路的时候都习惯怨天尤人，却往往忽略了这些错误里蕴含着的宝贵智慧，只要我们肯静下心来想一想，一定会从中得到借鉴，这样我们也算走好了这一步。

第三招，知错当改。对于做错的事情，如果能挽回当尽力挽回。

大不了从头再来

▶【导师履历】

周国平，执著地思考着人生、爱情、孤独等命题，用文字拨开人们心头困惑已久的迷雾，给心灵带来慰藉。他的作品以文采和哲思赢得了无数读者的青睐，无论是青春少年还是沧桑老人，都能从他的文字中获得智与美的启迪。他叫周国平。

幸福 好声音 把现在当作人生的新起点

大学里流传着这样一句话，"男生不可不读王小波，女生不可不读周国平"。周国平，一个名字普普通通的男人，他有着怎样的魅力能够让无数大学女生倾倒呢？当我们带着这样的疑问走进他的时候，我们不得不叹服，很多人都喜欢的人总归有他被喜欢的道理。周国平，一个外表憨厚平和、内里超然灵动的男人，用他的智慧与理性，征服了尚不服气的我们。

我们与他谈论人生，谈论成败。他气定神闲而又信心满满地对我们说："忘掉你曾经拥有的一切，忘掉你所遭受的损失，就当你是赤裸裸地刚来到这个世界，你对自己说，'让我从头开始吧'，你不是坐在废墟上哭泣，而是拍拍屁股，朝前走去，来到一块空地，动手重建。你甚至不是重建那失去的东西，因为那样说明你还惦记着你的损失，你仍然把你的心留在了废墟上。你要带着你的心一起朝前走，你虽破产却仍是一个创业者，你虽失恋却仍是一个初恋者，真正把你此刻孑然一身所站立的地方当作了人生的起点。"

听了周国平的话不知道你会不会感动，会不会认识到我们对以往的事情太过执著，却缺乏面对未来的勇气。有时候，我们觉得输掉了身边的所有，已经走投无路，甚至怀疑人生，我们无法预见前方的路。我们不明白，自己曾经拥有的东西怎么顷刻之间就消失了，荒芜了，也不明白，为什么偏偏是我们遭受损失，而且这么大。其实，周国平说得对，当我们什么都没有的时候，我们就可以当自己是赤条条地来到世界上，对自己说："那么，就从头再来吧！"反正我们来的时候就什么都没有，失去的那些也是后来才积累起来的！从头开始我们还可以轻装上阵。前方一定有一条属于我们的路。

失去的已经失去，再怎么惋惜也拿不回来，我们要面对这个事实，而不是停留在失去的痛苦里不能自拔。惦记已经失去的，除了让自己的心灵禁锢在小小的废墟上之外，没有任何益处。有一天，我们破产了，我们可以像当初创业那样去重新开始，这个时候，我们所具备的要比那时候多得多，比如经验、比如人脉、比如见识等等，我们完全可以重整旗鼓再次出发，因为人生随时可以重来。有一天，我们失恋了，不要害怕世上再没有那么爱我们的人了，我们失去的只是一个不再爱我们的人，而不是爱本身，我们完全可以凭着自己的魅力再次迎来一个更爱我们、懂我们的人。前提是，我们要有爱人的心，要抬起头来，打起精神，擦亮眼睛仔细寻找。

一段美丽的风景已经过去，我们不能再错过欣赏其他地方美景的机会，我们什么也没有，那么就孑然一身地把这个地方当作起点，重新开始。

乔布斯在斯坦福大学的一个毕业典礼上讲道：

幸运的是，我在很小的时候就发现了自己喜欢做什么。我在20岁时和沃兹在我父母的车库里办起了"苹果公司"。我们干得很卖力，10年后，苹果公司发展成为一个市值20亿美元、拥有4000多名员工的大企业。而在此之前的一年，我们刚推出了Macintosh电脑，当时我刚过而立之年。可后来，我被解雇了。我怎么会被自己办的公司解雇呢？是这样的，随着苹果公司越做越大，我们聘请了一位我认为非常有才华的人与我一道管理公司。在开始的一年多里，一切都很顺利。可是，随后我俩对公司前景的看法出现分歧，最后我俩反目了。这时，董事会站在了他那一边，所以在30岁那年，我离开了公司，而且这件事闹得满城风雨，我成年后的整个生活重心都没有了，这使我心力交瘁。

一连几个月，我真的不知道应该怎么办。这次失败弄得沸沸扬扬的，我甚至想过逃离硅谷。但是，渐渐地，我开始有了一个想法——仍然热爱我过去所做的一切。在苹果公司发生的这些风波丝毫没有改变这一点。于是，我决定从头开始。

虽然当时我并没有意识到，但事实证明，被苹果公司炒鱿鱼是我一生中碰到的最好的事情。尽管前途未卜，但从头开始的轻松感取代了保持成功的沉重感，这使我进入到一生中最富有创造力的时期。

在此后的5年里，我开了一家名叫NeXT的公司和另一家叫Pixar的公司，我还爱上一位了不起的女人，后来娶了她。Pixar公司推出了世界上第一部用电脑制作的动画片《玩具总动员》，它现在是全球最成功的动画制作室。世道轮回，苹果公司买下NeXT后，我又回到了苹果公司，我们在NeXT公司开发的技术成了苹果公司重新崛起的核心。

我确信，如果不是被苹果公司解雇，这一切绝不可能发生。这是一剂苦药，可我认为苦药利于病。有时生活会给你当头一棒，但不要灰心。我坚信让我一往无前的唯一力量就是我热爱我所做的一切。所以，一定得知道自己喜欢什么，选择爱人时如此，选择工作时同样如此。工作是生活中的一大部分，让自己真正满意的唯一办法，是做自己认为有意义的工作；做有意义的工作的唯一办法，是热爱自己的工作。你们如果还没有发现自己喜欢什么，那就不断地寻找，不要急于作出决定。就像一切要凭着感觉去做的事情一样，一旦找到了自己喜欢的事，感觉就会告诉你。

乔布斯积极乐观的态度让他东山再起，并重新执掌苹果公司。二度上任的乔布斯在各方面大获全胜，iPod、iMac、iPhone、iPad产品全线飘红，苹果的股价上涨了1500%。

乔布斯没有因为失去苹果就一蹶不振，而是选择了重新开始，重新创立了新的公司，他之前所积累下的经验和人脉也派上了用场，因而他的公司很顺利地成立并发展起来，他最终又坐回了原来的位子，这一切都是乔布斯敢于从头再来的结果。

失去并不可怕，可怕的是失去重新开始的勇气。我们什么都可以没有，但不能没有从头再来的斗志和信心。

导师 训练营　怎样走出阴霾，重新再来？

第一招，永远对自己抱有信心。不管遇到什么状况，都要对自己抱有信心，相信自己可以站起来，重新获得事业的成功或新的爱情。

第二招，多做一些事情，多考虑以后的事。多做一些事可以分散注意力，不对已经失去的东西念念不忘，如果把心思放在对自己未来有意义的事情上，那么我们会得到更有价值的帮助。

人类区别于其他动物的特征就是，人类能够思考，能够调整自己的心态……人类改造世界、改造自己的行动大多是事先经过思考的。人类对于他人、对于事物的态度也是由思考而产生的，而人生的态度决定了我们做人的高度。我们对人生有怎样的思考、怎样的态度，就决定了我们用什么样的方式、方法来处世。

PART3

方向的声音

态度决定做人的高度

做人要有一个端正的态度

【导师履历】

白岩松， 他长得很普通，但却是央视名嘴，先后任《焦点访谈》《新闻周刊》《感动中国2008》等节目主持人，甚至在2000年被授予"中国十大杰出青年"称号。睿智、犀利、稳健的他用一张嘴征服了电视机前的亿万观众，积极分析社会现实问题。

幸福好声音

态度决定一切

白岩松，一个从海拉尔草原上走来的电视主持人。他用真诚、稳健、睿智赢得了全国观众的掌声，甚至不少外国观众也非常喜欢他。当我们向这个访谈惯了别人的主持人做访谈的时候，便感觉出他的机敏与犀利。

如果你问他："你怎么和别人相处，遇到对你不好的人怎么办？"

他会皱一下眉头，表情并不轻松地对你说："态度决定一切，当你觉得你身边的人是哥们的时候，时间长了，他就真成了哥们。我们一个又一个的人生态度组接在一起，一一实现并与别人达成共识，完成一个又一个目标时，你最终的目标才会越发清晰。所以万事都要向积极的方向考虑，态度决定一切！"

是的，态度决定一切，态度决定了我们人生的高度。一个对人生、对他人没有端正态度的人，是不会受到人们欢迎的，更不会赢得别人的尊重。

无法端正人生态度的人容易走错路，也容易造成人生的不幸。所谓的人生态度就是一个人的人生观和价值观。当我们觉得人生来就是自私的，就该为一己之利而不顾一切时，我们就会不择手段地争取自己的利益；当我们觉得只有过奢华的生活才能体现我们的价值时，我们会竭尽所能地追求奢华；当我们把人生看作一场游戏，我们就会游戏人生，我们的人生也会因此而漂泊不定……总之，有什么样的人生态度也就会有什么样的人生。如果我们想要一个充实而富足的人生，就要有一个端正的人生态度。

与人交往更需要有一个端正的态度。当我们怀着某种目的与人交往时，也会因为这个目的而与人断交；当我们认为别人对自己好是应该的时候，一旦别人所做的事稍稍不合自己心意，我们就会满腹牢骚；当我们认为付出多少就该得到多少时，一旦我们某次付出没有得到相应的回报，我们就会责怪对方；当我们认为人有高低贵贱之分的时候，我们就会拿出不同的态度对待不同的人，因而我们也会受到不同人的区分对待……对别人的态度，也决定了别人对我们的态度。

正如白岩松所言，**当你觉得你身边的人是哥们的时候，时间长了，他就真成了哥们。我们用什么方式对待别人，别人就会以什么样的方式对待我们。**如果我们想要得到别人的认可和尊重，那么我们就要有一个端正的态度。

　　程川有一个交往了一年的女朋友，人在外地，程川希望女朋友到自己身边来工作。和女朋友商量后，女朋友答应只要程川帮助她在这边找到工作，她就过来。程川有点儿犯难，平时他的交际面不广，认识的人不多，要帮女朋友找个好一点儿的工作真不知道怎么入手。

　　程川考虑来考虑去觉得他们单位的人事科长不错，于是，他便开始有意无意地与科长走近，科长开始时也很奇怪，程川和自己不是一个科室的，平时又不怎么来往，怎么忽然对自己这么热情呢？但是人家对自己热情，自己也不能拒人于千里之外啊！况且，程川也没提什么要求。

渐渐地程川和科长成了朋友，程川觉得时机已经成熟了，于是在一次宴席上，提出了自己女朋友的情况，科长想了想，问了一下程川女朋友的情况，便答应帮他这个忙。程川高兴得不得了，此后与科长来往更加密切了。

在科长的帮助下，程川女朋友调了过来，摆完答谢宴后，因为忙于女朋友和工作的事程川便不再像平时那样和科长走动了，这让科长很不爽："我办完了你的事，你就把我晾到一边了，这算什么事儿！"

于是科长也渐渐疏远了程川。

后来，程川女朋友的妹妹大学毕业，希望姐夫帮忙找工作，程川又想起了人事科长，便去找科长，科长见程川又来找他，知道他定是有事相求，于是就躲着程川，程川没办法只好作罢。

程川交朋友没有正确的态度，用的时候就交往，不用的时候就没有来往，结果失去了科长的信任和友谊。

我们在与人家交往时最好不要带着某种目的，如果让人发现我们怀着某种目的而接近他，那么他就会对我们心存防范，疏远我们。就算我们可以怀着某种目的去接近他人，那么也要在目的达成之后善待来之不易的友情，对他人心怀感激而不是利用之后就不再来往。

林芳和张萍都是同时进入这一家公司的，虽然两人不在同一个部门，但是公司新员工培训，多多少少都对对方有印象。

林芳人长得很漂亮，身边总不乏男同事们献殷勤，加上林芳工作上又很努力，因此，同事对林芳的印象非常好。天长日久，张萍觉得林芳处处在与自己较劲。

张萍心里很气不过，于是找到机会就和同事讲林芳的坏话，说她的作风有问题……林芳听到同事跟她说这些，她只是思考了一会儿也就不说什么，仍旧很努力地工作。

张萍以为抓到什么把柄，于是变本加厉地诋毁林芳，有时连工作也不做了，直接跑到领导面前打林芳的小报告。但让张萍奇怪的是，林芳工作更加出色了，业绩也非常突出，而自己除了搬弄是非外，业绩平平。

有一天，她终于忍不住跑到一个昔日好友那里去大吐苦水，好友听后说："其实，你又何必呢？人家并没有把你当对手，你应该把比你强的人看成风景才对啊。"

在你的人生交往中，什么人都得有所接触，对手又怎么了！对手也一样能和你坦诚相处，真心交流。

只要你能放下那种狭隘的看法，不妨用一种欣赏的目光去看待他，你就会发现，对方其实并非想象中的那样处处与你作对，他有许多东西值得你去学习和借鉴。

排斥对手于事无补，甚至两败俱伤。相反，只有欣赏对手才更能征服人心。彼此用真心交流，就会开出友谊之花。使他变成你的朋友，拿对手当成动力，不是更有利于你的成功吗？

无论是做人，还是做事，我们都要有一个端正的态度，只有有一个积极的、向上的、健康的人生观和价值观，我们才能过好我们的人生。也只有抱着一个端正的态度与人交往，才能获得长久的友谊。

导师训练营　如何树立正确的人生态度？

第一招，积极、正面地面对人生。永远不要绝望，有希望得到的，要尽力争取；没希望得到的，尽量放手。此外，无论成败都要高姿态面对。成功时，以高姿态面对眼前的小成功，你就会觉得这个成功没有那么了不起；失败时，已高姿态面对当下小挫折，你会觉得这个挫折真的微不足道。

第二招，有所追求。做人要有追求，人生才会充实起来。不管做什么，不管愿望是什么，都要知道自己想要什么。

第三招，尊重他人。尊重他人是与他人相处的基础，一个不懂得尊重别人的人也不会得到别人的尊重。

让自己具有正能量

于丹，以"说庄子"而被人熟知的她，原来是北京师范大学艺术与传媒学院副院长、中国古代文学硕士、影视传媒系主任、影视学博士、文学博士、教授、博士生导师，还是多家媒体的首席顾问。这么多的职称和荣誉也证明了她知识的渊博和对人生感悟的深刻，她想用自己对生活的理解来传播正能量，让自己变成一个火种，给当下人们送去一份温暖。

幸福好声音 永远保持乐观和积极的心态

于丹，一个感情细腻、集浪漫与理性于一身的女人，她站在《百家讲坛》上与大家一起分享她的《论语》心得，参悟《庄子》的智慧，探访人生这个大课题，于丹的话总能让我们感动，总能使我们想起缓缓流淌的溪水，总能让我们沐浴在温暖的阳光下。她的话是那么有魔力，却又不乏理性的睿智。这个既温暖又懂得生活的女人，愿意伸出一双温暖的手，手拉手和我们共同走下去，和我们一起体验着人生的起伏，并告诉我们："怀着乐观和积极的心态，把握好与人交往的分寸，让自己成为一个使他人快乐的人，让自己快乐的心成为阳光般的能源，去照射他人，温暖他人，让家人朋友乃至于陌生人，从自己身上获得一点儿欣慰。"

原来，在于丹眼里，积极乐观才是快乐的源泉，给别人温暖自己才会得到慰藉。我们托腮沉思，事实确实如此：要快乐，首先就要乐观地看待问题。当我们身陷困境时，我们看到的不是无路可走，而是荆棘过后的鲜花；当命运不小心弄坏了我们的身体时，我们看到的不是这个身体的残缺，而是生命给我们的别样考验；当我们的父母、亲人离我们而去时，我们看到的不是他留给我们的伤痛，而是他留给我们的鲜活记忆，他去了他没有忧伤的世界……乐观的人，会让自己的心灵轻松起来，会让自己快乐起来，而快乐是会传递的，当我们快乐起来时，我们的快乐就会感染别人。当我们看到别人因为自己而快乐时，我们便会更感欣慰。

快乐的心也是一颗积极的心，它向往一切美好的事物，希望通过自己的努力去创造美好的未来，因而它不会抱怨别人，也不会抱怨自己，它只会吸收前面的经验、教训去努力地丰富自己，提高自己。 因而，它那里没有失败，没有失去，只有获得，所以，它没有时间和精力去不快乐。

一个积极乐观的人与一个消极悲观的人看待同样一个事物会出现两种截然不同的观点，因此做出的行动也会有所不同。有时候，一件不那么糟糕的事情，在悲观者那里会成为天大的难题，能改变的都不会去改变，所以也就注定了继续失去。

好的心态可使人快乐、进取、有朝气、有精神，消极的心态则使人沮丧、难过、丧失主动性。

你认为自己是什么样的人，你就可以成为什么样的人。你认为自己有怎样的心态，你就会以怎样的心态去对待、处理事情。也就是说，一个人拥有的状态是和他（她）所取得的成绩成正比的。积极的状态对应着辉煌的前途，而消极的状态恐怕就只能对应暗淡的人生了。所以，要想拥有好的前途和发展，就要积极一点，再积极一点。

美国颇负盛名、人人称道的篮球教练伍登，在全美12年的篮球比赛中，带领加州大学洛杉矶分校队赢得了十次全国总冠军。如此辉煌的成绩，让伍登成为了大家公认的有史以来最成功的篮球教练之一。

有记者问他："伍登教练，你何以能保持这种激情，让你的球队一次又一次夺冠？"

伍登很快活地说："每天我在睡觉以前，都会高兴地告诉自己，我今天的表现非常好，而且明天的表现一定会更好。"

"就这么简单吗？"记者有些不敢相信。

伍登坚定地回答道："这可不简单啊，它让我天天保持着一种积极乐观的心态。"

伍登的积极心态超乎常人，这也成就了他持续不断的成功与积极的一生。

例如，有一次他和朋友开车到市中心，道路非常拥挤。面对拥挤的车潮，朋友感到不满，继而抱怨不断，但伍登却欣喜地说："这真是个热闹的城市。"

朋友不禁好奇地问："为何你的想法总是异于常人？"

伍登回答："一点也不奇怪。事情都有它的两面性，而我总是往好的方面想。埋怨是没有用的，现实是不会因为我的悲或喜而改变。只要坚持让自己保持积极的心态，我就可以更好地解决问题，激发更多的潜在力量。"

由此可见，要想成就辉煌的事业，就要拥有积极的思想。因为积极的思想会产生积极的行动，而积极的行动会带来积极的结果。

因此，在生活中，你不但要以积极的态度去做事，更要成为一个积极的人，去感染身边的人和环境。你也要和拥有积极态度的人经常接触，这样一来，身处一个积极的环境之中，你的生活、事业以及自己的内心会变得越来越积极。

导师 训练营　　　**怎样保持积极乐观的心态？**

　　第一招， 装作很快乐。如果你不快乐，装作很快乐，不久你就会真的快乐起来。

　　第二招， 转移情绪。当我们失落时，可以通过暂时离开让我们感到压抑的环境，冷静一下或借娱乐活动放松心情。

　　第三招， 憧憬未来。想象未来的美好，这样有助于保持进取的状态。

做人要反着做

▶【导师履历】

张璨，她是北京达因集团董事，北京达因科技发展总公司董事长。沉稳的她，致力于推进我国民营高科技产业发展和科技进步事业，刻苦创业，坚忍不拔，在高新技术产业化方面做出了突出贡献。她叫张璨。

幸福好声音　　　**成功于稳重和激情之间**

　　拥有亿万资产的年轻女总裁张璨，是一个坚韧执著、精明强干的积极分子，她有着和自己年龄不那么相称的做人行事风格。她觉得，做人要反着做，比如20岁时不妨像40岁的样子做事，而40岁时，再用20岁的态度来生活。谈到这个话题时，张璨浅浅一笑，她一边把玩手指上的戒指，一边轻描淡写地说起自己的经历：20岁时，她是北大学生会文化部的副部长，梦想是做一名出色的外交官，但是大三时，她却因考上某大学没有去而被注销了学籍，她没有放弃，依然坚持完成了学业。之后她给别人打工，和别人共同开公司，再之后她经营饭店，最后做起了达因公司，她20岁时有40岁人的沉稳，40岁时有20岁人的激情，她做人是反着做的，她觉得这样很好。

　　人要怎么做，这是每个人穷其一生都在不断学习和探索的事情，张璨却用她独特的视角和感悟向我们做了这个具有哲理的提示。想想20岁的我们在想什么？做什么？女人多数想衣服、香水、化妆、减肥、谈情说爱和工作，做事风风火火，毛毛躁躁，不瞻前不顾后，凭的就是一个"勇"字。男人们在想什么？做什么？男人们多数想规划、想挣钱、想业务、想女人……这个时候的男人用一句话概括——急功近利，希望自己越快上轨道越好。

20岁的人就是精力无限，激情满怀，但少了些许的沉稳干练，少了几分对人对事的成熟思考。因而做起事来干劲十足却又容易冲动，热情似火却又容易遭受挫折。为什么会这样呢？因为我们年轻，因为我们不肯静下心来仔细思索一件事情的前因后果，不过多地考虑事情可能发生的变故以及应对措施，不对事情作周密的安排……总之，就是思虑不周。

40岁的人怎么样呢？40岁的人开始寻求稳健的生活方式，女人们开始想自己家庭、孩子和稳定的生活环境，男人们想怎样把自己的事业稳中有升地经营下去，怎么平衡家庭与事业的关系，怎么让家庭生活更优越……总之，40岁的人不再轻易去碰一些太有挑战的东西，他要很小心地衡量风险和回报的关系，凡事喜欢做好保险措施。

20岁的人需要的是40岁人的成熟、睿智和淡定，而40岁的人需要的是20岁人的激情和勇敢。如果20岁的人能用40岁人的思维去思考问题，那么他定会有所成就，如果40岁的人能用20岁人的心态去面对未来，那么，他定会收获颇丰。因为两种思想的互补和对接会造就出一个上升的人生。

一个人在工作中如果遇到事情便不假思索地去做，很容易给人留下一种鲁莽的感觉，而如果他能在遇事时多考虑，不但会给人留下成熟稳重的印象，而且有利于任务的完成。

所以，在工作和生活中，遇事一定要深思熟虑。尤其是遇到重要且没有把握的事情的时候，成败常常取决于你是否谨慎地思考和权衡过。

曾国藩带湘军攻打太平天国之时，清廷对他有一种极为复杂的态度：不用这个人吧，太平天国声势浩大，无人能敌；用吧，一则是汉人手握重兵，二则曾国藩的湘军是他的子弟兵，怕以后对自己形成威胁。

在这种指导思想作用下，清廷对曾国藩的态度经常是用你办事而不给高位实权。苦恼的曾国藩急需朝中重臣为自己说话，以消除清廷对他的疑虑。

忽一日，曾国藩在军中得到胡林翼转来的肃顺的密函，得知这位精明干练的顾命大臣在慈禧太后面前推荐自己出任两江总督。曾国藩大喜过望，咸丰帝刚去世，太子年幼，顾命大臣虽说有数人，但实际上是肃顺独揽大权，有他为自己说话，再好不过了。

曾国藩提笔想给肃顺写封信表示感谢。但写了几句，他就停下了。他知道肃顺为人刚愎自用，有些目空一切，用今天的话来说，就是有才气也有脾气。他又想起慈禧太后，这个女人现在虽没有什么动静，但绝非常人，以他多年的阅人经验来看，慈禧太后心志极高，且权力欲强，又极有心机。肃顺这种专权的做法能维持多久呢？慈禧太后会同肃顺合得来吗？思前想后，曾国藩没有写这封信。

后来，肃顺被慈禧太后抄家问斩。在众多官员讨好肃顺的信件中，唯独无曾国藩的只言片语。"三思而后行"救了曾国藩一条命。

许多人在办事时，开始比较谨慎，过不了多久，就松懈下来了；有的人对大事、难事比较谨慎，对小事、容易事就疏忽。生活中不是常常有因忽略小事而酿成大祸的惨痛教训吗？如果不想失败，就要十分谨慎。

可见，做事不计后果，最终会吃苦果。一个真正的聪明人要想不犯这样的错误，做事一定要三思而后行。

怎样把握激情与沉稳之间的度？

　　第一招，保持激情要多与年纪小的人接触，从他们那里寻找对生活的热情。

　　第二招，学会沉稳，要多思考一件事情所涉及的方方面面，最好考虑成熟后再去做。

　　第三招，多看一些书，让自己变得有内涵，变得思路开阔，这样就能多角度地考虑问题，做起事来也就不会急躁了。

既非正式比赛，
松一点又何妨

▶【导师履历】

亦舒， 她是香港作家倪匡的妹妹，天生丽质，聪明好学。五岁时到香港定居，中学毕业后，热爱文艺事业的她，曾在《明报》任职记者，做过电影杂志采访和编辑等。1973年，她又赴英国修读酒店食物管理课程，三年后回港，任职富丽华酒店公关部，后进入政府新闻处担任新闻官。

幸福好声音 **能饶人处且饶人**

麻利、泼辣、美丽、豪爽的亦舒，用她冷静、理智的眼光打量着这个世界，却又不乏对真情和温暖的渴望。亦舒对人对事自有她的看法和主张。即使是劝人洒脱的话，也要说个透彻、深刻。

如果你问她："与人相处当是怎样？"

她会痛快而又麻利地告诉你："既非正式比赛，松点又何妨，得饶人处且饶人。"

你听了会不会愣愣地想，这个女子好像不是在劝导人啊！倒像是在警告人！对了，这就是亦舒要的效果。她要给我们的不是一杯热奶茶，让我们缓缓地放手，而是要用一瓢凉水，从头到脚浇醒我们。

是的，人生本来就不是比赛，宽松一点对待别人，宽松一点对待自己又有什么不可以呢？能放过别人的地方就放过，对自己又有多少损失呢？我们那样尖刻地对待别人又能得到什么呢？能饶人处且饶人，不光是一种胸怀，也是一种处世态度和处世智慧。

人在世上生存，空间就这么大，总难免磕磕碰碰。有时候我们会因为猛烈地碰撞而受伤害，有时候我们会不小心伤害了别人，有时候别人会有意无意地伤到我们，而我们总在受伤害之时感到心里失衡，对于对方给我们的伤害如鲠在喉，难以下咽。实际上，对方给我们的伤害真那么大吗？大到连道歉都不能得到我们的原谅吗？有时候，我们会在无心之下做错事，伤害人，这时候，我们的自责和内疚甚至比受伤害的人还要重，如果对方也是这种情况，我们会不会原谅对方呢？如果我们肯站在对方的角度去考虑问题，那么我们就不会再执著于这些看似很重的伤害了。

我们也大可以把人事的纷争看得轻松些，又不是一定要分出个输赢，为什么还要在乎谁高谁低呢？况且，输赢衡量的标准又不同，谁又敢保证退让的那个不是赢家呢？大多数时候，我们看到的是表面的输赢，并不是真正意义上的输赢，我们看到的只是某一个阶段、某一个境况下，某些人在面子上、利益上得到的满足，这又怎么可以成为我们与别人较量的理由呢？塞翁失马，焉知非福，我们或许会在原谅别人的一刹那，心灵得到前所未有的升华！有资格原谅别人的人是高尚的人。在别人欣赏我们的大度之时，我们也征服了那些与我们有干戈的人。

能饶人处且饶人，就是要给别人留一点儿面子，留一条退路，让别人有个转身的余地……**当我们给别人留退路的时候，我们也就给自己留了一条退路。人生不是比赛，更不是你死我活，犯不上苦了别人再苦了自己。**

清朝乾隆年间，纪晓岚任左都御史时，员外郎海升的妻子吴雅氏死于非命，海升的内弟贵宁状告海升将他姐姐殴打致死，海升却说吴雅氏是自缢而亡。案子越闹越大，步军统领衙门处理不了，又交到了刑部，经刑部审理仍没有结果。

这个案子本来并不复杂，但由于海升是大学士兼军机大臣阿桂的亲戚，审理官员怕得罪阿桂，就有意包庇，判吴雅氏为自缢，给海升开脱罪责。没想到贵宁不依不饶，不断上告，惊动了皇上。皇上派左都御史纪晓岚，会同刑部侍郎景禄、杜玉林，带着御史崇泰、郑徵和东刑部的庆兴等人前去开棺检验。

纪晓岚接了这桩案子，感到很头疼。不是他没有断案的能力，而是因为牵扯到阿桂与和珅。他俩都是大学士兼军机大臣，并且两人有矛盾，长期明争暗斗。海升是阿桂的亲戚，原判又逢迎阿桂，纪晓岚敢推翻吗？贵宁这边告不赢不肯罢休，能有如此胆量，实际是得到了和珅的暗中支持。和珅的目的何在？是想借机整掉位居其上的军机首席大臣阿桂。而和珅与纪晓岚积怨又深，纪晓岚若是向着阿桂，和珅能不借机整他一下吗？

开棺检验时，纪晓岚看到死尸并无缢死的痕迹，心中明白，口中不说，要先看看大家的意见。

景禄、杜玉林、崇泰、郑徵、庆兴等人都说脖子上有伤痕，显然是缢死的。这下纪晓岚有了主意，于是说道："我是短视眼，有无伤痕也看不太清，似有也似无，既然诸公看得清楚，那就这么定吧。"于是，纪晓岚与同来验尸的官员一同签名具奏："公同检验伤痕，实系缢死。"这下更把贵宁激怒了。

他这次连步军统领衙门、刑部、都察院一块儿告，说因为海升是阿桂的亲戚，这些官员有意袒护，徇私舞弊，断案不公。

后来乾隆又派侍郎曹文植、伊龄阿等人复验。这回问题出来了，曹文植等人奏称，吴雅氏尸身并无缢痕。乾隆心想这事与阿桂关系很大，便派阿桂、和珅会同刑部堂官及原验、复验堂官一同检验，终于真相大白：吴雅氏是被殴而死。海升也供认是自己将吴雅氏殴打致死，制造自缢假象。

案情完全翻了过来，于是原验、复验官员几十人一下子都倒了霉！有被革职的，有被发配到伊犁的，唯独对纪晓岚，皇上只给了他个革职留任的处分，不久又官复原职。因为纪晓岚曾说自己"短视"，这就为自己留了退路。

做事留有余地，给自己留一条退路，就不至于落得一败涂地的下场。事情如果做尽做绝，就如同话说尽说绝一样，不是伤人就是被别人伤。当事情做绝，力、势全部耗尽时，想要改变就难了。

人非圣贤，要去爱我们的敌人也许真的有点儿强人所难。但为了自身的健康与幸福，学习宽恕敌人，也可以算是一种明智之举。有句名言说："无论被虐待也好，被抢掠也好，只要忘掉就行了。"

导师训练营 怎样才能做到宽以待人？

第一招，换位思考。换位思考是理解别人的最好方式。如果我们把自己摆在对方的位置上考虑问题，那么，我们就容易原谅别人。

第二招，为自己以后着想。要知道自己把别人逼入死胡同后的后果，狗急了跳墙，到时候可能会两败俱伤。

第三招，深呼吸，让自己冷静。深呼吸，让自己保持冷静，之后再告诉自己该怎么做。

没有人能随随便便成功

【导师履历】

张兰，作为俏江南公司总裁，她毕业于北京工商大学企业管理专业，曾留学加拿大，并到长江商学院学习EMBA专业。事业成功的她，曾荣获中国十大财智人物、中国餐饮十大影响力人物、全国十大最具影响力的CEO、北京晚报中国餐饮财智人物等称号。这一切的荣誉，都与她的奋斗和坚持分不开。

幸福 好声音　成功，是靠个人努力得到的

　　说起张兰，可能有些人还不熟悉，但提起俏江南，多数人都不陌生。张兰就是俏江南的创始人，一个秀外慧中、精明能干的柔美女人。如果我们想要探访她，就要到一些高端的国际会所去找，在那里，优雅、从容中略带些霸气的张兰会为我们展现她独特的个性魅力，她会礼貌地递过一杯红酒，轻启朱唇，娓娓地向我们讲述她的创业历程，讲起她对人生、命运的深刻理解。

　　有很多成功人士都谦虚地把自己的成功归于运气，但如果我们拿这个问题跟张兰探讨，她会很肯定地对我们说："我不认命，很多人忙着找算命的，其实命运和个人的心态、性格、素质有直接关系，没有人随随便便成功。"言外之意，成功是靠个人努力得到的，它不是命运的赐予。

　　细想想张兰的话，我们就会认为这不是老生常谈，她的话有着深刻的道理，所谓命运其实是由我们对待命运的态度决定的，如果我们觉得命运决

定着我们的一切，不管努不努力都无法改变，那么，命运就会掷给我们一个无法改变的结果。而如果我们觉得命运是可以通过自己的努力改变的，那么，命运也就会安排一个我们想要的结果给我们。命运与心态、性格、素质有直接的关系，而这些都是可以由我们自己控制和培养的。一旦我们学会了调节自己的心态、完善了自己的性格、提升了自己的素质，我们距离想要的成功也就不远了。而要调节自己的心态、完善自己的性格、提升自己的素质并非简单的事情，它需要我们付出努力。

我们想要的成功也是多重的，有人希望在事业上取得成就，有人希望自己在爱情上获得圆满，也有人希望在学术上有所建树……**成功本来就是一个宽泛的概念，我们每个人的希冀不同，通过努力获得的成就也就不同，所以，成功是多维的**。当然，不管什么样的成功都需要我们具备成功者应有的基本素质，那就是心态、性格和素质等。

张兰是个乐观的人，不管面对多大的困境，她都保持着自己的乐观精神。当年，人们还没有把餐馆开到高级写字楼时，她便认为这是一个很好的尝试，人们对她的决定抱有质疑，但她依然充满希望地将她的餐馆开了起来。结果，俏江南在白领一族中深受欢迎。

2003年，非典给餐饮业和旅游业造成重创，很多酒店都给员工放假，希望借此降低成本，有的甚至关门闭店，以把损失降到最低点，但俏江南在非典期间没有一家分店停业，不但没有解雇员工，还发放了全额的工资，给员工买药，进行集中管理。

非典期间，俏江南的损失额达到7位数，周围的人都劝张兰缩减开支，但张兰却认为，这是非常时期，熬过了这一关，我们就会有好前景，这一天是不会太远的。她不但没有扣员工工资，而且还花重金给餐厅经理每人买了一支具有特殊意义的万宝龙金笔，希望他们能记住这个历史时刻。

非典以后，俏江南生意红火，往来顾客络绎不绝，员工工作热情高涨。

　　世界上没有任何人的成功是随随便便的，张兰如果没有一个乐观的精神，没有一个坚持的态度，没有一个坚强的性格，那么她就无法获得现在的成功。

　　秉性坚忍，是成大事、立大业者的必备特质。这些人获得巨大的成功，也许没有其他卓越品质的辅助，但肯定少不了坚忍。从事苦力者不厌恶劳动，终日劳碌者不觉疲倦，生活困难者不感到沮丧，原因都是由于这些人具有坚忍的品质。

　　依靠坚忍而终获成功的年轻人，比以金钱为资本获得成功的人要多得多。人类历史上那些成功者的故事都足以说明：坚忍是走向成功的必备品质。

　　克雷吉夫人说过："美国人成功的秘诀，就是不怕失败。他们在事业上竭尽全力，毫不顾及失败。即使失败也会卷土重来，并立下比以前更大的决心，努力奋斗直至成功。"

　　有些人遭到了一次失败，便把它看成"滑铁卢"，从此失去了勇气，一蹶不振。可是，在刚强坚毅者的眼里，却没有所谓的"滑铁卢"。那些一心要得胜、立志要成功的人即使失败，也不以一时失败为最后的结局，他们还会继续奋斗，在每次遭到失败后再重新站起，比以前更有决心、更努力，不达目的誓不罢休。

　　"有志者，事竟成，破釜沉舟，百二秦关终属楚；苦心人，天不负，卧薪尝胆，三千越甲可吞吴"，坚忍的过程，就是积蓄力量的过程。坚忍，需要顽强的意志来作为支撑。顽强的意志是成就梦想的可靠保证。只有拥有顽强的意志，我们才能不被困难吓倒，不向逆境屈服，才能从容面对各种险恶，才能奋起抗击各种不幸。

　　机遇往往垂青那些具有坚忍品质的人，因为具有这种品质的人才能克服一切艰难困苦，到达成功的彼岸。

导师训练营　　　**怎样培养乐观的精神？**

第一招，不要说消极的话。把平时那些"真无聊""没意思""累死了"改成积极的话，"好，不错""应该还会更好"，等等。渐渐地我们就会发现，这些话会对我们产生神奇的作用，它将带我们走进乐观的世界。

第二招，培养信心。很多时候，我们自己人为放大了困难本身，这是因为我们对自己信心不足，觉得自己不能度过眼前的困难。实际上，我们的能力和潜力远远超过我们的想象，多多给自己打气，不断做一些让自己有成就感的事，信心就会回来。

第三招，帮助一些人。能帮助别人代表自己在某方面是超过别人的，在帮助别人的过程中我们也会得到信心。

重要的是你看到了什么

【导师履历】

邰丽华，也许，她并不是商业精英，也不是万人追捧的思想家，她甚至听不到声音，说不出话。但正是这样一位聋哑姑娘，在2005年的春节联欢晚会上，为我们献上了一场精彩绝伦的"千手观音"。她的脸上永远挂着灿烂动人的笑容，让人感动，让人对平凡的生活多了更深一层的理解和热爱。

幸福好声音

始终站在好的一面

热爱舞蹈，愿将一生都奉献给舞台的邰丽华，先后出访过20多个国家，在国内外演出数百场，以其"孔雀般的美丽、高洁与轻灵"征服了不同肤色的观众。她是绚烂之极的，又是归于平淡的。这个黑发如云、笑容灿烂、平淡若水的女子，站在21世纪的舞台上，用她的蕙质兰心、婀娜身姿、芊芊细指轻而易举地拨动了我们久为生活所累的心灵。我们张大的嘴巴还没有完全合拢时，她已盈盈一笑，悄声地告诉我们她如此迷人的奥秘："带着一颗快乐感恩的心去面对人生的不圆满，世界到处都是阳光。"

是的，邰丽华说得对，重要的是你看到了什么，是站在好的一面还是坏的一面。邰丽华不能选择发声，也不能改变上帝对她的不公，但她决定抛下一切负面情绪，努力站在阳光的一面，从不圆满中看到圆满。因此，她才能那么阳光，那么乐观，那么耀眼。

二十几岁到三十几岁，是人生中最美好的年龄，有青春，有热情，只要我们站在阳光的一面，我们便会散发出阳光的魅力。什么是阳光的一面？阳光的一面是正向的一面，是积极乐观的一面，是认真踏实的一面，是朝气蓬勃的一面，是不畏艰难的一面，是敢于向困难挑战的一面，是拿得起放得下的一面……

　　是站在好的一面还是站在坏的一面，很多时候都是由我们自己决定的。**就算有再大的阻力，再大的挫折，只要我们没有自己打倒自己，那么，别人或环境就很难打倒我们**。当然，这需要我们确定，我们所站的一面确实是值得我们坚持的一面。

　　有一个僧人走在漆黑的路上，因为天太黑，又没有路灯，僧人被行人撞了好几下。他继续向前走，看见有人提着灯笼向这边走过来。这时候旁边有人说："这个瞎子真奇怪，明明看不见，却每天晚上都要打着灯笼出来。"

　　僧人被路人的话吸引了，等那个打灯笼的人走过来的时候，他便上前问："你真的是盲人吗？"

　　打灯笼的人说："是的，我从生下来就没有见过一丝光明，对我来说白天和黑夜是一样的。"

　　僧人更加迷惑了，问道："既然这样，你为什么还要打灯笼呢？是为了迷惑别人，不让别人知道你是盲人吗？"

　　盲人说："不是的，我听别人说，因为夜晚没有灯光，每到晚上人们都看不清彼此，也看不清路，所以我就在晚上打着灯笼出来。"

　　僧人感叹道："你的心地多好啊！原来你是为了帮助别人！"

　　盲人回答说："不全是，我也是为了自己。"

　　僧人又迷惑了，问道："这又是为什么呢？"

　　盲人答道："你刚才有没有被别人碰撞过？"

僧人说："有呀，就在刚才，我被两个人撞了呢。"

盲人说："我是盲人，什么也看不见，但我从来没有被人撞过，因为我的灯笼既为别人照了明，也让别人看到了我，这样他们就不会撞到我了。"

僧人顿悟，感叹道："我辛苦奔波就是为了找佛，其实佛就在我的身边啊！"

以一种乐观的心态去面对种种坎坷，就能一直保持着旺盛的生命力和创造力。

我们年轻，这不重要，重要的是我们的心态要成熟，要知道站在好的方面，树立乐观的人生态度，以积极的心态来看待生活中发生的各种事，以昂扬的姿态来面对即将到来或已经到来的艰难困苦。

导师训练营　　如何站在好的一面？

第一招，坚持原则。有些原则性的问题是一定要守住的，没有原则地退让会让自己损失更多。

第二招，坚守底线。每个人都有自己的行为底线和道德底线，即使是有利于事情往好的方面发展的选择，也要以不违反自己的底线为基础。

每个人都有其独特思维，每个人也都有感悟人和事
的能力，虽然这样的能力有强有弱，但只要人们静下
心来去思考，就会有所收获。在人的一生当中，爱是
最珍贵的，对事业的爱，对亲人的爱，对朋友的爱，
对生命和自然的爱……都是我们作为人来讲，不可缺
少的。缺了任何一个，我们都不能很好地享受生命，
不能很好地走好人生，所以我们要珍惜身边的爱。

PART 4

感恩的声音

爱，弥足珍贵

"笨"的过程很开心

▶【导师履历】

刘德华，曾经的"四大天王"中，他是最受人追捧的一个。不断地唱歌、接戏、拍戏，他只是不想让自己闲着。他被人称为香港太平绅士，还是中国残疾人福利基金会副理事长，曾获香港荣誉勋章。如今他终于老了，但他还是当初那个笑容温存的天王，仍然活动在公众视野之内。

幸福 📶 好声音

热爱，让你无视一切阻碍

刘德华是华语娱乐界的风云人物，出道到现在一直以勤奋、执著著称，他创造了一代天王的不老传奇。他之所以能取得今天这样的成绩，与他对影视的热爱是分不开的。

与刘德华对话，聊他的从艺经历是在所难免的。他将自己的演艺之路娓娓地向我们道来："我在1980年凑热闹考入无线第10期演艺训练班，毕业后只替人跑跑龙套。到了1984年，我才获得出演《神雕侠侣》的机会。《神雕侠侣》一播出就火了一大批人，我也随之声名鹊起。之后，我以为自己会顺畅一些，谁知，没过多久却被雪藏了。回首往事，我觉得，能让我重新站起来，并坚持在这条路上走下去的，是我内心深处对影视艺术的那份热爱之情。"

再谈及自己的执著，刘德华定会感触良多，他对我们说：**"很多事情做了之后，其他人会觉得你很笨，但是在这个笨的过程，我得到很多很多的开心，那就可以了。"**

这就是热爱，对自己所坚持之事的热爱。一个人只要去做自己所热爱之事，就有足够信念和勇气来支撑他走下去。

　　你要是在工作中找不到快乐，就绝不可能在任何地方找到它。对自己的工作感兴趣，可以将你的思想从忧虑上移开，让你的工作变得更加简单和高效，最后还可能为你带来晋升和加薪的机会。即使不这样，也可以把工作中的疲劳减至最少。

　　美国的一部音乐喜剧中有一位叫安利的船长，他在中间插剧时说了一段颇富意味的话："这些人们是多么幸运哪!因为他们正在做他们喜欢的事！"

　　事实证明，人们在从事自己最喜爱的工作时效率是最高的。**人们只有在享受工作时才会有用不完的精力，有更多的快乐，没有忧愁，也不知道什么是疲倦。**兴趣有了，精力和效率才会有，工作也会因此而变得轻松简单。

　　有个英国记者到南美的一个部落采访。这天是个集市日，当地土著人都拿着自己的物产到集市上交易。这位英国记者看见一个老太太在卖柠檬，5美分一个。

　　老太太的生意显然并不太好，一上午也没卖出去几个。这位记者动了恻隐之心，打算把老太太的柠檬全部买下来，以便使她能"高高兴兴地早些回家"。

　　当他把自己的想法告诉老太太的时候，她的话却使记者大吃一惊："都卖给你？那我下午卖什么？"

　　人生最大的价值，就是对工作有兴趣。爱迪生说："在我的一生中，从未感觉是在工作，一切都是对我的安慰……"然而，在职场中，像卖柠檬的老太太那样，对自己所从事的事业充满热情的人并不是太多，他们不是把工作当作乐趣，而是视工作为苦役。

有一个叫麦克的年轻人，他的工作是煎汉堡。他每天都很快乐地工作着。尤其是在煎汉堡的时候，他更是专心致志，许多顾客对他为何如此开心感到不可思议，十分好奇，纷纷问他："煎汉堡的工作环境不好，又是件单调乏味的事，为什么你可以如此愉快地工作，并充满热情呢？"

　　麦克自豪地回答道："在我每次煎汉堡时，我便会想到，如果吃汉堡的人可以吃到一个精心制作的汉堡，那么他就会很高兴，所以我要好好地煎汉堡，使吃汉堡的人能感受到我带给他们的快乐。看到顾客吃了之后十分满足，并且神情愉快地离开时，我便感到十分高兴，心中仿佛觉得又完成一件重大的工作。因此，我把煎好汉堡当作是我每天的一项使命，要尽全力去做好它。"

　　顾客听了他的回答之后，对他能用这样的工作态度来煎汉堡，感到非常钦佩。他们回去之后，就把这样的事情告诉周围的同事、朋友或亲人，一传十、十传百，很多人都喜欢到这家麦当劳店吃他煎的汉堡，同时看看这个"快乐煎汉堡的人"。

　　顾客纷纷把他们看到的这个人——认真、热情——反映给公司。公司主管在收到许多顾客的反映后，也去了解情况。公司有感于麦克这种热情积极的工作态度，认为值得奖励并给予栽培。没几年，他便升为分区经理了。

　　麦克把每做好一个汉堡并让顾客吃得开心，当作是自己的工作使命。对他而言，这是一件有意义的工作，所以他满怀信心、充满热情地去工作。

　　如果一个人热爱某种事业，那么他会倾尽全力去打造这个事业，就像刘德华，他遇到再大的困难也不会感到生活乏味。

**导师
训练营**

如何理解热爱？

第一招，热爱并不等于全部精力都要投放在上面。热爱可以是爱好，它可以独立于工作和事业之外。

第二招，热爱也不是一定要做出成绩。热爱某种东西，不一定是以做出成就为目的的，它可以是生活里的一项重要内容，例如养花、喂鱼等。

总有颗想你想到垂泪的心

刘墉，和席慕容相似，他也是一位画家和作家。他的书总能触及人心灵中最柔软的部分，使读者产生共鸣，受到感染。这也是他能成为台湾畅销书作家的原因，在大陆，他的作品同样受到无数人的追捧，销售超过千万册。

幸福好声音　亲情是人类最伟大的情感

刘墉的散文很温情，浅显易懂又发人深思，他总能触及人心灵中最柔软的部分，使读者受到感染。在他眼中，亲情是至高无上的，是最真挚的情感。

他满怀柔情地说："各位年轻朋友，你的父母真会恨你、讨厌你，对你肉麻、作假吗？他们可能为了保护你，而去恨别人、讨厌别人。也可能为了赚钱，让你过得好些，而对别人肉麻、作假。他们甚至可能去骗人、去害人，只为了急着让自己有个富裕的家。但是，他们不会害你，他们即使骗你，也只为爱你呀！在他们拖着疲惫的身躯归来时，你可能已经睡了，不知道他们曾经偷偷走到你的床边。当他们分道扬镳时，你可能跟着一方，不知道远处总有个想你想得垂泪的心。"

而对于手足之情，他也有一番见解："各位年轻朋友，你的兄弟姐妹真会恨你、讨厌你、排斥你吗？想想，如果有一天你正和兄弟姐妹不高兴，突然碰上外人来欺侮你的手足。你会袖手旁观，还是为保护自己的亲人而一战？当有一天，你们的父母去世了，是谁会跟你站在一起，擦着泪水，伤恸欲绝？他们为什么跟你一样伤心？因为他们与你有着一样的记忆、一样的亲情、一样的历史、一样的出身。"

是的，亲情是人类最伟大的情感，也是最不计回报的一种感情。父母含辛茹苦地把我们养大，他们当时想的绝不是将来会从我们身上捞到什么好处，而是我们本身的存在就让他们有认知感和有价值感。当所有的人都轻视你、排挤你，甚至琢磨你的时候，父母却从来不会对你冷眼相待。

不错，有时候，手足之间会因为金钱、利益而发生冲突，甚至会发生相残的事件，但这些都是较为极端的情况。多数情况下，手足之间永远比路人要亲近，即使手足之间有间隙，他们也不会对亲人的事情漠不关心。这种血浓于水的感情，谁都剥夺不了。

亲情也是一笔财富，是鼓舞我们不断前行的力量，当我们因挫败而失落时，因取得成绩而沾沾自喜时，因遭遇各种困境而难以打开局面时，最为我们担心和着急的是我们的亲人。当我们看到这些时刻关心着我们的人时，我们就会感到自己的重要，就会知道自己不能消沉下去，就会拿出勇气继续前进。

亲情也是我们最宁静的港湾，当我们面对纷繁的世事心烦意乱时，当我们劳累了一天回到家中时，当我们的心情难以平复时，只要回到亲人身边，我们就会安静下来。

作为一个出色的教育者，有很多人给刘墉写信。一个台南女孩子与刘墉保持着多年的通信习惯，她常常生病，天生身体不好，因此学业也断断续续地进行，女孩为此很苦恼，经常向刘墉倾诉。

女孩尤其抱怨自己的父亲，觉得他总是在外面忙事业，每天西装笔挺，早出晚归，难得跟她说句话。刘墉总是劝她说，天下没有不爱子女的双亲，只是每个人表达情感的方法不同而已。在一次回信中，她这样说："那天，我在家晕倒了，醒过来，人在医院，身上插着管子，我张开眼，看见老爸坐在一边，还穿着西装、打着领带，我好气，骂他：'我都要死了，你还没事似的，根本不关心我。'爸爸没吭气。然后，我看到护士在擦地上的血迹。我吓一跳，叫起来：'我流血了？哪里流血了？'护士过来，指了指我爸爸，说：'不是你，是他。他叫不到车，抱着你，跑了十几条街。'我低头看爸爸，才发现他虽然穿着西装，脚上却没穿鞋子。他急着救我，居然连鞋都来不及穿，光着脚，抱着我，跑到医院。他的脚被东西割到，还在淌着血。"

刘墉讲到这个故事时，是动了情的，他真切地表达出了亲情的味道。

不可否认，有时候因为每个人表达亲情的方式不同，会造成不同程度的误会。但要相信，亲人的爱是最为真切的，他们不是不爱，只是不会表达。如果我们有这样的亲人，不要急于生气，不要急于懊恼，只要多些沟通，告诉他们你想要怎样，他们就会满足我们的愿望。

从前，有个年轻人与母亲相依为命，生活相当贫困。

后来，年轻人由于苦恼而迷上了求仙拜佛。母亲见儿子整日念念叨叨、不事农活，苦劝过几次，但年轻人对母亲的话不理不睬，甚至把母亲当成他成仙路上的障碍，有时还对母亲恶语相向。

有一天，这个年轻人听说远方的山上有位得道高僧，心里非常向往，便想去讨教成佛之道，但他又怕母亲阻拦，便瞒着母亲偷偷从家里出走了。

他一路上跋山涉水，历尽艰辛，终于在山上找到了那位高僧。高僧热情地接待了他。

听完他的一番自述，高僧沉默良久。当他向高僧请教成佛之法时，高僧开口道："你想得道成佛，我可以给你指条路。吃过饭后，你即刻下山，一路到家，但凡遇有赤脚为你开门的人，这人就是你所谓的'佛'。你只要悉心侍奉，拜他为师，成佛是非常简单的事情！"年轻人听了非常高兴，谢过高僧，吃过饭就欣然下山了。

第一天，他投宿在一户农家，男主人为他开门时，他仔细看了看，男主人没有赤脚。

第二天，他投宿在一座城市的富有人家，更没有人赤脚为他开门，他不免有些灰心。

第三天，第四天……他一路走来，投宿无数，却一直没有遇到高僧所说的为他赤脚开门的人。他开始对高僧的话产生怀疑。快到自己家时，他彻底失望了。

日落前，他没有再投宿，而是连夜赶回家，到家门时已是午夜时分。疲惫不堪的他费力地叩动了门环。屋内传来母亲苍老的声音："谁呀？"

"是我，母亲。"他沮丧地答道。

门很快被打开了，一脸憔悴的母亲大声叫着他的名字，把他拉进屋里。在灯光下，母亲流着泪端详着他。

这时，他蓦地发现母亲竟赤着脚站在冰凉的地上！刹那间，他想起高僧的话，突然什么都明白了。

年轻人泪流满面，"扑通"一声跪倒在母亲面前。

亲情永远都是真诚、可贵、质朴、毫无条件且不计回报的。亲情是根，无论岁月如何流逝，无论有多遥远的距离，都断不了亲人之间的关怀和牵挂，也不会削减彼此的关爱。

家人是我们生命中最重要、最亲密的人。但是，可能由于太过熟悉或者害羞的缘故，很少有人能够把这种情感表达出来，这不能不说是一种遗憾。其实父母对我们的要求并不多，只要在适当的时候给他们一个热情的拥抱，陪他们吃一顿丰盛的晚餐，或者在周末的时候，就坐在父母的身边，陪他们说说话，讲一讲工作，讲一讲自己的感情。

导师 训练营　　　　　　**如何与亲人相处？**

　　第一招，沟通很重要。即使是家人，也未必完全了解对方，所以及时沟通了解对方的想法和需要很重要。

　　第二招，换位思考。把自己的位置与家人的位置调换，尝试着按照家人的思路去思考问题，这样会理解亲人的行为和举止。

朋友就像文物，越老越珍贵

▶【导师履历】

毕淑敏，她是国家一级作家、内科主治医师、北京作家协会副主席、北京师范大学文学硕士、注册心理咨询师。著有《毕淑敏文集》十二卷，处女作《昆仑殇》，长篇小说《红处方》《血玲珑》等。她心思细腻，感情有着女性特有的柔软，读她的书你会突然安静下来，跌入深不见底的感动之中。

幸福好声音

友谊是人们不可缺少的情感

毕淑敏是学医的，医者父母心，她是善良的、中庸的、听话的、理智的，她与其他作家不同，她苦口婆心导人向上，她洞穿人世却温和如初。对友谊，她有着自己的一番见解，她脱下白袍，温一杯暖酒，柔声细语与我们对饮谈话。

她告诉我们："现代人的友谊，很坚固也很脆弱。它是人间的宝藏，我们应该珍爱。友谊的不可传递性，决定了它是一部孤独的书。我们可以和不同的人有不同的友谊，但我们不会和同一个人有不同的友谊。友谊是一条越掘越深的巷道，没有回头路可以走的。刻骨铭心的友谊也如仇恨一样，没齿难忘。友谊是一种易变的东西，假如它不是变得更好，就是不可抑制地变坏，甚至极快地消亡。有时在很长一段岁月里，友谊似乎是一成不变的，保持很稳定的状态。这是友谊正在承受时间的考验。这个世界日新月异，在什么都是越现代越好的年代里，唯有友谊，人们保持着古老的准则——朋友就像文物，越老越珍贵。"

是的，正如毕淑敏所言，现代人的友谊是坚固的，又是脆弱的。现代人能够充分尊重朋友的私人空间和个性，对朋友没有束缚，这样的相处方式使得友情得以保存和继续，也正是因为这样，现代的友谊也是脆弱的，人们各自拥有自己的个性和想法，在面对现实生活中的诸多选择时，对友谊的责任感会被外界诱惑冲淡，因而出现疏离，甚至背叛友谊的状况。

友谊也是易变的，当一件不期而至的事情发生时，很可能就是考验友谊的时候，例如，借钱，升迁，竞争等等，只要我们一方做出的选择对对方不利，那么，很可能我们的友谊就会就此瓦解。如果我们作出对双方都有利的选择，那么，我们的友谊就会更加深厚。

不管什么年代，友谊都是人们不可缺少的情感，朋友相处越久，共同经历的事情越多，感情就越深厚，而且朋友不同于恋人，要求没有那么多，所以，破裂的情况并不多见。

毕淑敏这句"朋友就像文物，越老越珍贵"一语中的，老朋友会分享你的喜怒哀乐，会参与你生命的成长，在岁月里累积下来的感情，越久就越有味道。

奥黛丽·赫本是纪梵希的御用服饰代言人，除了大部分的戏服外，生活中的赫本穿的也都是纪梵希设计的服装，两人因为对服装具有相同的兴趣而成为最亲密的朋友。

在两个人还未认识的时候，奥黛丽·赫本就为简约、优雅而又不失性感的纪梵希式设计风格所倾倒，她希望能与那位优秀的设计师相识。拍摄完《罗马假日》后，赫本拿到片酬直奔商店以原价买了一件纪梵希的外套。后来，为了给即将拍摄的电影《龙凤配》挑选一些巴黎设计师的原创服装，导演把纪梵希介绍给了赫本，纪梵希当时很忙，抽不出时间来为奥黛丽·赫本单独设计，于是决定让赫本在已经做好的成衣里选几件。

几件衣服选好后，纪梵希对赫本独特的鉴赏力惊叹不已，从此对她刮目相看，两人遂成为朋友。

纪梵希与赫本共同合作了18部电影，不但赫本的两次婚礼上的婚纱都由纪梵希本人设计，而且赫本最后的寿衣都出自纪梵希之手。

赫本对纪梵希的情谊和欣赏是发自内心的，她从来不收取纪梵希的宣传费，甚至还到他的商店里去买香水。纪梵希也是敬重赫本的，无论赫本的事业是起是落，也无论赫本的爱情是分是合，他都陪在赫本左右。

1957年，纪梵希香水企业建立这一年，同时推出了两款香水，一款是"拉德·纪梵希"，另一款就是献给赫本的"禁锢"，两款香水见证了彼此间的友谊。

友谊越久就越醇香，经过世事的过滤、岁月的沉积，朋友的对与错，欢笑与泪水都渗入我们的生命，成为记忆里一道最美的风景。而那些共同经历的感情成为心中流出的源源不断的泉水，滋润心田，让我们感到欢畅。

晋代有一个人叫荀巨伯，有一次他去探望朋友，正逢朋友卧病在床，这时恰遇敌军攻破城池，进行大规模的烧杀掳掠，百姓纷纷携妻挈子，四散逃难。朋友劝荀巨伯："我病得很重，走不动，活不了几天了，你自己赶快逃命去吧！"

荀巨伯却不肯走，他说："你把我看成什么人了，我远道赶来，就是为了来看你。现在，敌军进城，你又病着，正是需要我的时候，我怎么能扔下你不管呢？"说完便转身给朋友熬药去了。

朋友百般苦求，叫他快走，荀巨伯却端药倒水安慰他说："你就安心养病吧，不要管我，天塌下来我替你顶着！"

这时"砰"的一声，门被踢开了，几个凶神恶煞般的士兵冲进来，冲着他们俩喝道："你们是什么人？如此大胆，全城人都跑光了，你们为什么不跑？"

荀巨伯指着躺在床上的朋友说："我的朋友病得很重，我不能丢下他独自逃命。"并正气凛然地说，"请你们别为难我的朋友，有事找我好了。即使要我替朋友而死，我也绝不皱眉头！"

这些士兵一下子愣住了，听着荀巨伯的慷慨言语，看看荀巨伯的无畏态度，很是感动，说："想不到世上还有如此重情重义之人，我们怎么好意思伤害他们呢？走吧！"

古人有云"患难之时见真情"，荀巨伯对朋友的感情可谓至真至诚，他原本可以不管朋友，而且朋友也认为荀巨伯不必陪他共历生死。可是，荀巨伯还是留下来了，抛弃生死，为朋友煎药，这样的友情，世上少见？难怪敌军也会对他们敬佩有加。

珍惜友谊，让它更长久些，更丰富些，让它的温暖散播在自己的心田，开出圣洁而美丽的花来。这才不枉我们相识、相知一场。

导师训练营　如何与朋友交往？

第一招，对朋友要真心实意。对朋友耍心机的人最容易失去友情，没有一个人愿意被别人耍弄，也没有一个人愿意别人因为某种目的而接近自己。

第二招，互相帮助才能长久。交朋友不能带有目的性，但为朋友提供帮助却是朋友长久交往的前提。没有人会喜欢在自己困难之时袖手旁观的朋友，当然，确实没有能力的除外。

第三招，平等、尊重很重要。交朋友是以平等和尊重为基础的，在与朋友交往的过程中要绝对避免轻视性的语言或动作，也要尊重朋友的隐私，不要逼问朋友说不愿说的事情。

当谁也不想亲近时，就去亲近自然

迟子建，当代中国具有广泛影响力的作家之一，经历过十年文革的动荡，因而对人生有着独特的理解。主要作品有《雾月牛栏》《白银那》《光明在低头的一瞬》，叩问人性和历史，多次荣获"冰心散文奖""茅盾文学奖"等文学大奖。

幸福好声音 与大自然有一个亲密接触

阳光、明快、从容、豪爽的迟子建对自然、对土地有着深深的眷恋。她毫不吝惜自己的赞美，用最美好的词汇形容自己的家乡，形容大自然给她带来的心灵感受。

她幸福而自豪地向我们描绘着她的家乡："北极村是我的出生地，是中国最北的小村子。每年有多半的时间被积雪覆盖，我在那里度过了难忘的童年。我记得那里的房屋的格局、云霞四时的变化、菜园的景致和从村旁静静流过的黑龙江。"

我们从她对家乡的由衷赞美中能够体会出她对自然的热爱，也能感受到自然对她心灵的慰藉。

在2008年某网络传媒的一次专访中，记者问迟子建："您最近在忙些什么？"

迟子建爽朗地笑着说："我四处走走，去看了看俄罗斯和南美风光。"

记者又问："这两年都是这样吗？"

迟子建顿了顿说："08年我在老家待的时间比较多，哪怕不写，在大自然里走走，对人没有坏处，这种滋养是静悄悄的，在那里会更舒服一些。"记者点头，再次感受到迟子建对自然和故乡的热爱与亲近。

我们每个人都有心灵疲惫或是需要静心宁神的时候，每到这个时候，我们不想接近任何人、任何事，就想一个人静静地发呆或者大哭一场。这种方式是舒缓压力的良好方式，但不是真正能慰藉心灵的方式。如果我们谁也不想亲近，就去亲近自然，在自然中感悟生命，寻找心灵的宁静。

大自然是最有看头的地方。它处处是风景，寸寸有禅意，只要你有足够的耐心、足够的领悟力就能从中品味出人生的道理，因为它的发展与变迁与人类社会几乎一脉相承。

在自然环境中，人们可以体会到生命的真正意义和生命的自然成长状态。这能让人们在思考时，可以简简单单地按照自然的本意去自在生活。大自然也是我们获得智慧的来源。

朱自清老先生一生颠沛流离、生活困窘、疾病缠身，但他依然坚持自己的主张，关心国家、民族，即使在最为困窘的时候，他也不灰心丧气。他时常将自己交托给自然，在自然里寻求安慰和力量。

1927年7月，朱自清在清华园教书，但大环境的不安定使这个性格平和的人很不安，他无法选择一方作为自己的立脚点，于是，他苦闷、困惑，这时候，能给他抚慰的就是大自然了。当他置身在大自然中时，心灵得到了暂时的安慰，和现实有了暂时的和解。于是，《荷塘月色》便产生了。

他借着自然的力量抚慰了心灵，也清楚知道了自己内心的向往。大自然是他的心灵栖息地。

每个人都有心烦意乱的时候、举棋不定的时候、不想或无法与人交流的时候。这时候，回归自然是最好的选择，自然给我们的不是我们在屋子里可以想象出来的。如果有不开心、无法释怀的事情又不想让任何人参与进来，那么就去亲近自然吧！那里是我们最宁静的灵魂世界。

1845年7月4日，为了追寻生命的意义，美国哲学家梭罗带着一把斧子走进森林，在那里生活了将近两年的时间。这种返璞归真的生活方式让他得以远离现代物质文明的侵扰，深深思考生命的本质，智慧的光芒像清晨的阳光一样照耀着他。他思索着，为世人留下了不朽的名著《瓦尔登湖》。

他说："我来到森林，因为我想悠闲地生活，只面对现实生活的本质，并发掘生活意义之所在。我不想当死亡降临的时候，才发现我从未享受过生活的乐趣。我要充分享受人生，吸吮生活的全部营养。"

梭罗所做的正是为了寻求生活的真正意义。他远离复杂、喧嚣的外部世界，让自己置身于一种最和谐、最平衡、最自然的大自然中，在大自然的启发下，在宁静的湖光山色中，他发现了很多原来未曾发现的生命的秘密。

导师训练营　如何在自然界中释放自己？

第一招，把自己融入自然。把自己当作自然界的一部分，去感受大自然的包容性，去了解自然规律的不可抗拒性。这样，我们就知道有些事不必太执著，有些人我们可以谅解。

第二招，享受自然风光。如果你注意观看，自然界的每一个景色都是美的、有价值的，哪怕是一片残缺的树叶。如果我们能真正地享受自然，那么我们也就真正放松了自己。

宽恕无法改变过去，
却能改变未来

星云大师， 祖籍江苏扬州（江都），十二岁在南京礼志开上人出家，为临济宗第48代传人。1945年入栖霞律学院修学佛法。1949年春，组织僧侣救护队来台湾。曾主编《人生》《今日佛教》《觉世》月刊等佛教刊物。星云大师有来自世界各地的出家弟子千余人，全球信众则有数百万之众。1991年成立国际佛光会，被推为世界总会会长。于五大洲成立170余个协会，成为全球华人最大的社团。

幸福好声音　　宽恕别人也是在原谅自己

　　慈眉善目的星云大师手捻佛珠，口颂经卷。他的话纯净了我们的心灵，博大了我们的胸怀，宽慰了我们的内心。听星云大师说禅是一种享受，能获得一种心灵上的升华。

　　星云大师对我们说了这样一个故事：

　　　　盘禅师备受大家尊崇。有一次，他的一个弟子因为行窃被抓，众弟子纷纷要求将这个"小偷"逐出寺门，但是盘禅师并没有那样做，他用自己的宽厚仁慈之心原谅了那个弟子。

　　　　可是没过多久，那个弟子竟然又因为偷窃而被抓住，众弟子认为他旧习难改，要求将他重罚，但盘禅师还是没有处罚他。众弟子不服，他们联名上书，表示如果再不处罚这个人，他们就集体离开。

盘禅师看了他们的联名上书，把所有弟子都叫到跟前来，说："你们都能够明辨是非，这是我感到欣慰的。你们是我的弟子，如果你们认为我做得不对，可以去别的地方，但是我不能不管那个行窃的弟子，因为他还不能明辨是非，如果我不来教他，谁来教他呢？所以，不管怎么样，即使你们都离开了，我也不能让他离开，因为他需要我的教诲。"

那个偷窃东西的弟子听了盘禅师的话，感动得热泪盈眶，心灵因此得到了净化，从此以后再也不偷别人的东西了。

宽恕是一种风范，是大师才有的风范。能宽恕别人的人是高贵的，一个人有资格宽恕别人，是因为别人做过对不起这个人的事情，而这个人却没有做过对不起对方的事。这样的人是有着忍耐力和克制力的人，如果能宽恕别人，那么这个人就是一个胸怀博大的人，是一个知道怎么爱人的人。

宽恕是一种美德，它能感化误入歧途的人，让他们提起重新做人的勇气。被宽恕的人心里知道自己仍是能够被接纳的，他就会尝试着去融入社会，就会走出误区。毕竟没有一个人愿意经受良心的谴责。即使是十恶不赦的罪人，在他幡然醒悟之时，我们也要予以宽恕，但宽恕并不代表他可以不接受伤害别人的后果。我们的宽恕是让对方感到被接纳，让对方悔改，让他们的良心能好过一些。

每个人都有可能做错事，都有可能伤害到别人，我们扪心自问，有没有在有意无意之间做过一些伤害别人的事情呢？有没有在为自己做错事而经受自己良心的谴责呢？有没有希望被谅解，被重新接纳呢？有一些人生阅历的人都会明白，这样的心情都是有的。如果有人在我们做错事的时候宽恕了我们，那么这个人可能会视我们为一辈子的朋友。他也会竭尽所能地弥补自己的错误，避免再犯类似的错误。宽恕的力量不在于让某人得到心里宽慰，而在于它能改变这个人的未来。

宽恕是一种爱，一种对人的爱，是一种人文情怀，宽恕别人也是在原谅自己。宽恕别人是把这个人当作普通人来看，而不是把他当作一个完美的"神"来看。是人就会犯错，是人就希望得到别人的认可。不懂得宽恕别人的人活得也并不轻松，一个经常记恨那些得罪自己的人，内心也是不平静的。原谅别人的错误，才能让内心轻松起来。

第二次世界大战期间，一支部队在森林中与敌军相遇，激战后两名战士与部队失去了联系，这两名战士来自同一个小镇。

两名战士在森林中艰难行走，他们互相鼓励、互相安慰，十多天过去了，仍未与部队联系上。就在饥饿难耐时，他们打死了一只鹿，依靠鹿肉又艰难地度过了几天，也许是战争使动物四散奔逃或被杀光了，以后他们再也没看到过任何动物。他们仅剩下的一点儿鹿肉，背在年轻战士的身上。不幸的是他们在森林中又一次与敌人相遇，不过这次他们巧妙地避开了敌人。就在他们自以为已经安全时，只听"砰"一声枪响，走在前面的年轻战士中了一枪——幸亏伤在肩膀上！后面的士兵惶恐地跑了过来，他害怕得语无伦次，抱着战友的身体泪流不止，并赶快把自己的衬衣撕下包扎了战友的伤口。

晚上，未受伤的士兵一直念叨着他母亲的名字，两眼直勾勾的。他们都以为熬不过这一夜了，此时虽然他俩都很饿，可谁也没动那块鹿肉。天知道他们是怎么度过那一夜的。第二天，部队救出了他们。

30年后，那位"年轻"的战士说："我知道谁开的那一枪，他就是我的战友。当他抱住我时，我碰到他发热的枪管，我怎么也不明白，他为什么对我开枪？但当晚我就宽容了他。我知道他想独吞我身上的鹿肉，我也知道他想为了他的母亲而活下来。在这30年里，我假装根本不知道此事，也从不提及。战争太残酷了，他母亲还是没有等到他回来，我和他一起祭奠了老人家。那一天，他跪下来，请求我原谅他，我没让他说下去。我们又做了几十年的朋友，因为我早已宽恕了他。"

众生有罪，禅讲究释怀。要知道，宽恕别人所不能宽恕的，是一种异常高贵的释怀，释怀是一种美。

释怀，是一种看不见的幸福，更是一种财富，拥有释怀，就拥有了一颗善良、真诚的心。遗忘别人的"不好"，铭记别人的"好"。当你对别人释怀之时，即是对你自己释怀。因此，哲人说："人类尽管有这样那样的缺点，我们仍然要原谅他们，因为他们就是我们。"

导师训练营 怎样学会宽恕别人？

第一招，换位思考。把自己放在对方的位置上去思考，就会理解这个人所做出的行为，进而宽恕可以宽恕的部分。

第二招，放弃仇恨，少一些计较。放下仇恨为的是自己，有时候我们不宽恕别人，只是在与自己较劲。

帮助别人，
也就是帮助自己

▶【导师履历】

濮存昕， 他用人们熟悉的微笑温暖着艾滋病患者的心，他紧握艾滋病患者的双手，传递着社会对他们的关爱，更传播着艾滋病的相关知识。他把人们对他的喜爱和信任再度回报给社会，投入到社会公益事业中，以公众人物的号召力，承担起社会责任。

幸福 📶 **给予爱才能得到爱**
好声音

　　濮存昕是中国知名的公众人物，他是一名优秀的话剧演员，也是一位热心公众事业的慈善家。他曾经自愿接受艾滋病宣传员这一工作，积极拍摄公益广告，出演有关艾滋病的电影，希望能引起社会对防治艾滋病工作的重视，呼吁社会关心艾滋病病人。

　　接受采访时，有记者问他为什么要做公众事业，他这样回答道："我热衷于公众事业，因为那会让我感到快乐。它就像光，有很多意义，信仰、生命都算，一个人只要坚持真善美，只要向往光，就一定能找到光。"

　　他说："帮助别人时，自己得到的更多，这包括快乐和财富。"

　　因为有爱，人们会付出，因为付出，人们会得到生活的馈赠。爱亲人、爱朋友、爱事业、爱爱好……都会让我们付出自己的感情，同时也会得到快乐。爱他人同样会让我们获得快乐和回报。

当我们奉献自己的爱心去帮助别人，拿出真心去关怀别人的时候，我们会从别人的笑脸里得到安慰和满足。不仅如此，基于爱人的心为别人提供帮助，还能得到他人的感激、信任和友情，这将是我们的巨大财富。

有时候，因为爱别人所做的事会在无意中让自己得到意外的收获。哈斯博士因为疼爱自己的妻子，发明了卫生巾，结果在1933年取得了专利权，并因此获得了不菲的收入。

给予爱才能得到爱，给予友谊才能得到友谊，付出心血才能取得成功，没有给予是得不到生活的馈赠的。给予不是施与，不是赐予，是发自内心的奉献，它不带有附加条件，也不带有明确的目的性。如果说一定要为做某事找个目的，那么我们就是为了让自己的心灵充盈起来，得到被需要的满足。带有目的的给予不是真正的给予，它往往会让我们感到失望。带着目的与别人交往，别人也不会把真心交给我们。

　　一天早上，一位只有一只手的乞丐来到一座寺院向彻悟方丈乞讨，彻悟方丈指着门前一堆砖对乞丐说："你帮我把这些砖头搬到后院去，我就给你银子！"

　　乞丐很生气地说："我只有一只手，怎么搬砖头呢？不愿给就不给，何必这么捉弄人呢？"说完他怒气冲冲地向寺外走去。

　　方丈于是用一只手抓起一块砖头，大声说道："这样的事一只手也能做到，你为何不愿做呢？"

　　乞丐便不再争辩什么了，就用他那一只手依方丈的话干了起来。他整整花了一个上午，才把这些砖全部弄到后院。

　　最后，彻悟方丈递给乞丐一些银子，乞丐接过钱，很感激地说："谢谢你！"

　　彻悟方丈说："不用谢我，这是你凭自己的劳动赚到的钱。"

　　乞丐说："我永远不会忘记你的。"说完朝彻悟方丈深深地鞠了一躬，就上路了。

过了不久，这座寺院又来了一位乞丐。彻悟方丈把他带到后院，指着那堆砖头对他说："你把这堆砖头搬到屋前，我就给你银子。"但是这位双手健全的乞丐却鄙夷地朝彻悟方丈瞪了一眼，头也不回地走开了。

弟子不解地问彻悟方丈："上次你叫乞丐把砖头从屋前搬到后院，这次你又叫乞丐把砖头从后院搬到屋前，你到底想把砖头放到后院呢，还是屋前呢？"

彻悟方丈微笑着对弟子说："对我们来说，砖头放在屋前和放在后院都一样，可搬与不搬对乞丐来说就不一样了。"

若干年以后，一位衣着体面的人来到寺院拜望彻悟方丈。只见他气度不凡，但唯一不足的是，这个人只有一只手，原来他就是用一只手"搬"砖头的那位乞丐。

自从彻悟方丈让他"搬"砖以后，他才明白了彻悟方丈的真实用意。他找到了自己的价值，然后靠自己的劳动，奋力拼搏，终于有所成就。而那位双手健全的乞丐如今还依然在村落中行乞。

可见付出爱心也不是盲目地做好事，付出的方式不对，就无法起到好效果。第一个乞丐，在一开始并没有意识到他的价值所在，他认为自己是个残疾人，已经失去了一个正常人的生活能力，甚至放弃了依靠自己从而有尊严地活着的想法，但是彻悟方丈的言行触动了他，让他认识到了：虽然少了一只手，可并不妨碍他通过劳动给自己创造生存下去的机会，而且可贵的是他勇敢地去做了，所以他找回了曾经丢失的尊严。与之相反的是另一个双手健全的乞丐，他丝毫不理会彻悟方丈的一番良苦用心，很干脆地放弃了自己的尊严。

帮助自己的唯一方法就是去帮助别人。爱心就像是一颗种子，在你选择

播种的时候，就注定会有硕果累累的一天，就能品尝到丰收的喜悦。

海伦·凯勒曾说："任何人出于他的善良之心，说一句有益的话，发出一次愉快的笑，或者修修坑坑洼洼的路，这样的人就会感到欢欣是其自身极其亲密的一部分，以至使其终生去追求这种欢欣。"的确，在生活中，从一个表情、一句问候、一个眼神、一件小事开始，学会付出，善意地看待这个世界，快乐会时时与我们相伴。因为，我们的每一次付出，都让世界变得更有希望，在付出和接受之间，感恩的心就已经建立了。说到底，拥有快乐其实很简单。

导师·训练营 　　怎样给予别人帮助？

第一招，同理心，以尊重为前提。给予别人不要居高临下，我们是给，不是赐，只有在尊重的前提下给予，才会起到预期的效果。

第二招，不能无限制给予。给予是要讲方式的，一味地满足别人的要求不是帮人是害人，与其输血不如让其学会造血。

私人的房间是最适合说悄悄话的，而我们的悄悄话大多与爱情、婚姻有关。爱情和婚姻是人类永恒的话题，然而没有哪个人能真正把爱情和婚姻看得透彻，人们能普遍认同的是，爱情和婚姻都是需要经营的，它有最为基础的东西要我们遵守，有一些技巧需要我们掌握。

珍惜的声音

经营就是拥有的过程

婚姻就是包容与妥协的过程

▶【导师履历】

王海鸰， 生于山东的她，是中国当代著名作家，也是总政话剧团著名编剧。她关注婚姻和家庭，著有《牵手》《不嫁则已》《中国式离婚》，这些著作在社会上引起强烈共鸣。她被誉为"中国婚姻第一写手"。她叫王海鸰。

幸福好声音 婚姻中，少抱怨多包容

也许没有几个人会想到，穿着一身军装、英姿飒爽的王海鸰会写出如此耐人寻味、发人深省的小说和剧本，但就是这么一位只经历了短暂婚姻的"铁娘子"，用她睿智的头脑剖析了婚姻失败的原因，为我们经营婚姻提供了很有价值的参考意见。这位坚强、乐观、独立的成熟女人面对我们这些围城内外的人，站在我们面前，直视我们，用冷静而善良的话语对我们说："**婚后想要改变对方是不可能的，如果不想结束一段婚姻，那么双方要互相作出适当的妥协。**"

如果我们肯从王海鸰的视角去解读婚姻，那么我们就不会认为她这话是老生常谈了。王海鸰的恋爱和婚姻加起来不过几个月，但她读懂了婚姻里的要义。一段失败的婚姻所带给人的教训绝不比任何一个成功的婚姻所带来的启示少。王海鸰用她的亲身经历向我们诉说着婚姻里最应该注意的问题，就是不要总是想着去改变对方，而是要懂得包容和妥协。

婚姻实际上是两个家庭的结合，身份不同、家庭背景不同、成长环境不同、性格不同的两个人要生活在一个家庭里必然会发生摩擦和碰撞，有时候碰撞甚至会很激烈。夫妻双方在各自原来的家庭里成长了二十几年，身上不可能没有原来家庭的烙印，既然选择了和这个人在一起，就是选择这个人的全部，包括好的方面和不好的方面。恋爱期的男女还顾及给彼此留些好的印象，会努力表现一些好的方面，但一旦结婚，所有的缺点都会暴露出来，如果没有包容和妥协，那么，两个人很难长久地相处下去。

婚姻开始之初，我们对婚姻有着很高的期望，对自己的角色定义也比较模糊，关于金钱、孩子、双方家长、家务、性爱等都没有形成基本共识，如果双方观点大相径庭而一方又无法对另一方作出妥协，那么，两个人就容易发生不愉快，甚至出现争端。久而久之婚姻就会亮起红灯。所以，婚姻里的包容、妥协、沟通不可忽视。

他们结婚才刚满一个月，但是在这一个月里却已大吵了13次，比恋爱时期加起来还要多出3倍。她很苦恼，于是对丈夫喊着说："你说，叫我怎么跟你过一辈子？"她终于向丈夫提出离婚。那天在她说出"离婚"二字时，天高气爽，万里无云。

"我们到婚姻登记处办手续吧。"她说。丈夫窝在沙发里看书，一句话也不说，只是抬头看了一眼妻子，再低头看那本半天看不完一页的书。妻子提高嗓门又说了一次："我再说一遍，离婚！你别以为我又是在闹情绪，我已经考虑很久了，我们别再互相折磨了！"说着，她拿出了准备好的离婚协议书，递到丈夫面前。他怔了一下，被妻子的有备而来吓着了，沉默了半晌，丈夫的脸色渐渐凝重起来，呼吸也明显粗重了，过了好一会儿才挤出两个字："不签！"

妻子把离婚协议书收回，又拿出一份打得工工整整的正式文件——婚前财产登记表。丈夫顿时傻了眼，妻子一步一步地把丈夫逼进了死胡同，她知道丈夫真的紧张了。他的双眼直勾勾地盯着表格上的某一点，仿佛影片定了格，手上的书轻轻颤抖着。

妻子觉得很满意，这就是她想要看到的效果。丈夫在妻子咄咄逼人的威吓下，终于开了口，他说："这样吧，我们让上天来决定好不好？如果今天晚上十二点之前不下雨，我答应你，要我签什么字都行，而且房子归你；如果十二点之前下雨了，我们就和好如初，不再提'离婚'这两个字，好吗？"

丈夫的提议出乎妻子的意料。她逐字逐句地推敲丈夫的话，怕里头藏着玄机，仔细研究了半天，她想，天气这么好，怎么会下雨？白痴才不敢打这个赌，于是她点头答应。晚上，她躺在床上，不知不觉回忆起过去和丈夫恩爱甜蜜的日子："算起来，他也算是个好丈夫，两人的争吵，多数是由于自己的无理取闹引起的……"想着想着，她心里忽然骚动起来，看着窗外月朗星稀，天气真好！她内心深处纠缠着一个个理不清的思绪。

看看手表，已经十一点多了。秒针一跳一跳地走着，她再也坐不住了，披上衣服走到窗前，盯着毫无动静的夜空，莫名其妙地焦急起来。再看看手表，十一点三十分。

"都怪那个家伙，人家耍脾气说要离婚，你说两句好话哄哄我不就行了？为什么要打这个赌？明知天气那么好，不可能会下雨……分明是他自己想要离婚……"她越想越委屈，都快要哭出来了。

忽然，窗外屋檐上"嗒！嗒！嗒！"轻轻地响起来，分明是水滴声。真的下起"及时雨"了！她心情立刻由冷转热，高兴得差点儿要放声大叫。"可是，奇怪！这雨好像不大对劲，一会儿紧，一会儿稀疏，"她纳闷道，再走到客厅开窗一看，这边没下雨。

她蹑手蹑脚走上楼顶，只见丈夫正从水桶里舀起水，小心地浇在卧室窗户的外边。看到这一幕，妻子什么话也说不出来，她的眼眶不禁湿了，她悄悄地回到床上，在稀稀疏疏的"雨声"中甜蜜地睡去。

在现实生活中，年轻夫妇年轻气盛，一赌气就嚷着要离婚的现象太普遍了。尤其是女孩子，在结婚前五年，尚在适应婚后生活的阶段，女性的脆弱，常使她们轻易将"离婚"二字脱口而出，做丈夫的千万要沉住气，别跟妻子你一句我一句地争吵，那只会把事情越闹越大。

每个人都是有缺点的，进入婚姻的双方要包容对方身上的缺点，性格上的，行为举止上的，以及思想观念上的，等等。没有人不犯错误，只要不是原则性的错误，我们就要学着去接受。只有少一些责怨，多一些包容，婚姻才能长久地维持下去。

导师训练营　　怎样包容对方的缺点？

第一招，心理暗示。要认识到对方已经是你生命中最重要的人了，不管缺点还是优点都学着接受。

第二招，常怀感恩之心。夫妻双方都对家庭做出了贡献，在心里感激对方为家庭所付出的努力，就会接纳对方身上的缺点。

懂得自己，懂得爱人

▶【导师履历】

张怡筠，她是著名心理学家，以"轻松说道理，明确讲做法"的独特风格，广受大众欢迎。站在女性的立场来分析和看待婚姻爱情中的男男女女，恩怨纠葛，她教会我们要学会爱的能力，既爱自己，也要爱别人。

幸福好声音　想要被爱，就要去爱

温柔、美丽、大方、优雅的张怡筠借着对人的心理有着深刻的研究，每每给我们开出一剂心灵良药，让我们获益良多。

这位娴静、从容的女子端起咖啡与我们一起探讨爱情和婚姻里的奥秘，她将她的情感经营智慧向我们娓娓道来："结婚是为了完成两个心理任务。第一个任务，是更了解自己。很多人说'我很了解自己啊'，比如，一些未婚女孩看到别人为了晚归的丈夫而电话不断时，总认为自己一辈子不会做这种事，她也是不会吃醋的。然而，等自己结婚了，可能丈夫晚回家10分钟，第一个打电话的就是她。婚前，'我是什么样的人''我在婚姻里是什么状况'等自我认识，不一定是正确的。只有结婚了，和别人有了亲密联系、互动，很多深层的自我才显现出来。而了解了真实的自我，才能更好地处理婚姻中的问题。第二个任务，是要懂得爱人。人从小擅长'被爱'，但是一步入婚姻，就要懂得爱人，这是一个很大的转折。'爱'简单说是'让你喜欢的对方感觉很好'，但为达到这个目的，你不仅要付出，有时还要妥协，甚至牺牲。"

听了张博士的话，我们陷入沉思，我们结婚是为了什么呢？有的人因为对方条件好，有的人因为感情好，希望长久地在一起，而有的人是因为年纪到了，不结婚会遭人非议……总之，大家似乎对婚姻没有一个明确的认识。

说到底，人们为什么结婚呢？因为想要有个伴，因为两个人划桨比较轻松和安全。而要想两个人用力一致，就要了解自己，自己是个什么样的人，需要什么，能改变什么，应该用什么样的心态对待自己的家庭，等等，只有了解了自己，才能更好地与对方配合，才能更清楚自己该做什么，怎样演好自己的角色。在两个人经营家庭的过程中，还要学会感激对方对自己的付出，懂得怎样爱别人，怎样让喜欢自己的人感觉很美好。这不是件简单的事情，当然也不是件多么复杂的事情，只要稍微花一点心思，对对方多些关心就能做到。

如果一个人在婚姻里不能尝试着了解自己，那么他很难知道自己要做什么，该怎样得到自己想要的东西。而如果一个人不能学会如何爱别人，那么，他也就不能得到对方的依赖，这段婚姻也就不会长久地维持下去。婚姻里重要的两个任务就是懂得自己，懂得爱人。

梅的朋友对梅说："小说《飘》中的女主人公最终的命运实在让人惋惜。"

"活该，谁让她一味获取丈夫的爱而不付出呢？想要被爱，就要去爱。"梅义愤填膺地说。只可惜，这句话梅说过就忘了。对待婚姻，梅一直奉行在爱与被爱之间选择被爱。

梅最终找了一个孜孜不倦地追求了她五年的人做丈夫。婚后，丈夫的确在实现着对梅许下的诺言，非常细致而耐心地呵护她。爱到什么程度呢？这么说吧，结婚四年，梅没摸过一次擀面杖，尽管她很爱吃面；生孩子后，他怕梅晚上被孩子吵得睡不好，自己带着孩子在小屋睡，把席梦思床留给梅；每天早上梅一睁开眼睛，一杯热腾腾的牛奶就在面前……看到周围女性朋友像老妈子一样伺候丈夫而被油烟熏黑了白皙的脸、被洗衣粉浸粗了嫩细的手时，梅感叹自己当初的决定是多么的英明。正当梅被丈夫宠爱得一塌糊涂、滋润得不知天高地厚时，一天晚上，熟睡的梅被一阵轻微的响动弄醒了。她睁眼一看，丈夫正在收拾行装。"是不是要出差？白天收拾不行吗？弄得我不能睡觉。"梅以一贯的腔调说。

丈夫没有像往常一样宽容地笑笑，然后过来给她一个体谅的吻。这次丈夫只是浅浅地笑了一下，笑得那么忧伤："本来想明天再告诉你，那现在就说吧，我准备搬到单位去住。"他没有去看梅的一脸惊愕，扭过身继续说，"我知道结婚时你并不爱我，但我当时很有信心能使你爱我……可是，现在我发现我错了，我没能让你爱上我。对于一个丈夫，还有什么比这更让人难过的呢？"

当梅看到丈夫已是满脸泪水时，才意识到问题的严重性。"可是我爱你！"梅知道这是她的真心话，她多想大声喊出来啊，可是她哽咽起来，心如绞痛，一句话也说不出。

这一幕多么像《飘》中结尾处女主人公与丈夫分手的情景啊。只可惜，梅发现得太晚了……

如果在婚姻中只知索取不知付出，那么，最终就会失去享受被爱的权利，甚至会为此而付出惨重的代价。持久的婚姻需要双方共同经营，不要因为你是首先被爱的一方，而放弃去爱的义务。

每个人都有自己的个性，也都有连自己都不知道自己的一面，在婚姻里，对方能像镜子一样映照出自己，如果我们没有在婚姻里更加了解自己，那么我们也就没有完成这个任务。爱别人更是一个需要用心体会和学习的课题，爱对方，要付出，要让对方快乐……懂得了爱别人可以说是我们在婚姻里取得的最大的成功。

在婚姻里怎样了解自己和爱别人?

　　第一招，把自己从繁杂的琐事中抽离出来，审视自己。不要一进入婚姻就埋头过日子，偶尔也要看看自己在这段婚姻里的表现，了解自己需要什么，也要去检讨自己在婚姻里的不足。

　　第二招，一个人出去旅游。在自己行走的过程中，会体会到没有对方陪伴情况下的轻松和牵挂，更了解自己对对方的需要。

丰富的内涵让人经久不忘

▶【导师履历】

乐嘉，这位2010年担任江苏卫视《非诚勿扰》心理点评专家的光头男人，随着节目的热播而进入人们的视线。他是中国性格色彩研究中心创办人，性格色彩创始人，卓越的演讲者和培训导师，著有畅销书《色眼识人》《色眼再识人》《让你的爱非诚勿扰》《人之初，性本色》。

幸福 好声音　　内涵才是最大的财富

光头乐嘉因《非诚勿扰》走红，机智、幽默、尖锐的谈吐为节目增色不少。他对各种色彩人物的心理有着透彻的把握和研究，因而点评时总是一语中的。这位"聪明绝顶"的读心者乖张里透出几分友善，认真里带着几分邪气，坐在我们面前，用他一贯的机智与调侃向我们透漏着一个人们都知道，但却往往都忽略的事情：外表可以吸引人，但内涵的吸引力更为持久。

他带着几分感触地告诫我们："把买化妆品的钱去买两本好书，漂亮的容颜固然可以使人眼前一亮，但丰富的内涵却让人经久不忘。"

一个漂亮的人能够吸引更多人的注意，也容易让人产生好感，但要想长久地与别人相处下去没有内涵是不行的。一个只知道美食、酒吧、服饰、美容的人很难与有思想深度的人交流到一起，男人与女人所关注的事情有所不同，心灵体验也不同，如果两个人所交流的内容只限于表层，那么，久而久之就会产生厌倦之情。培养自己的内涵是夫妻之间有深层交往的必要条件。

内涵就像一杯酒，历久弥香。没有内涵的人没有味道，所以也无法吸引人去品味。

有内涵的人是有修养的人，对人、事、物有着自己的见解和主张，同时，对人对事都有一定的宽容和担当。他们懂得尊重他人，懂得对自己好，懂得怎样才能与他人、与世界相处，当然也知道怎样自处。所以，这样的人内心是充盈的，对他人有着更多的体谅和理解，与他人交往没有太多不愉快，家庭更容易和谐起来。

内涵包括才能和德行。有内涵的人是德才兼备的人，这些人有一定的文化底蕴或在某一领域有一定的才华，同时，他们也是具有较高自省能力和自我认知能力的人，所以他们会不断地提升自己的内在素质，注意吸收更多知识来丰富自己的内心，让自己不断提高。因而有内涵的人从不炫耀自己，也因而会被更多人喜欢。

夏洛蒂在她的小说《简·爱》中充满热忱地描写她女主人公的内涵，正是因为简的内涵，桑菲尔德的男主人罗切斯特才会爱上她，并决心迎娶简。

罗切斯特本来是个放浪形骸的人，美女、名媛、富家千金什么样的女人都见识过，但像简这样清贫却有内涵的女子罗切斯特没见过。在与简的相处中，罗切斯特发现了简的坚强、勇敢、独立和善解人意，他越来越喜欢这个外表平凡、内心却丰盈的女孩子。

最后，两个人历经艰难终于走到了一起。

内涵并不需要多么美艳，它是一种特质，不管男人、女人都要有一些内涵，要让异性像读一本书一样读我们。一个人由内而外散发的魅力才是持久的，并随着岁月的累积越来越醇厚。

"知识就是力量，知识就是生产力"，只有具备一定的知识，我们才会有内涵，才会对很多问题有更深入的甚至是独到的见解。没有知识的人，他的生活必然是空虚寂寞的，因为他的精神世界是荒芜的。所以，我们应该多读书、多思考、不断学习、不断进步、不断提升自己的知识容量。

导师训练营

怎样做个有内涵的人？

第一招，多读一点书。书不仅能扩展我们的视野，陶冶我们的性情，还可以增加我们与他人的谈资。让别人愿意听我们说话，但要注意，读书要有自己的想法。

第二招，给别人以信任和关怀。一个懂得关怀别人的人，会设身处地为别人考虑，在说话、办事的过程中会把自己最动人的一面展现出来。

第三招，学一些基本礼仪。懂礼仪的人到哪都不会让人讨厌。

女人太心细总会患得患失

▶【导师履历】

苏芩， 著名情感心理作家，"新女学"发起人，新浪、腾讯、搜狐女性情感专家，历任媒体主编、全国多家电（视）台、平面媒体情感专家顾问。对情感问题了如指掌的她，在一言一语中为当今女性同胞提出忠告，散播勇气。

幸福好声音 女人要善用自己的心思，把细心变成优点

一身素衣、一脸甜美笑容的苏芩有着一双洞穿世事的眼睛，她常一语道破人情，却不乏温情，她冷眼看待万物，用慧心为人指点迷津，都市女性几乎无人不知。当苏芩带着温暖的笑容走到我们面前时，我们一下子被她洞穿人事的眼睛折服了，这个嘈杂凡尘中的女子总能参透情感里的那些事。她用拳拳之心对我们提出忠告：女人的心思太细，而心思太细的人过日子总是患得患失。

苏芩的话确实点中了女人的软肋，该作决定时犹豫不决，该放手时不放手，该行动时左顾右盼，该糊涂的地方穷较真儿……结果导致生活不顺遂。女人的感情较之男人通常要细腻很多，所以在一些细节上会表现得不依不饶或举棋不定。

有时候，女人在处理家务事、家庭关系上也会受到细节的影响患得患失，因此总是容易被自己过多的想法掣肘，不能处理好身边所发生的事情。比如，要给丈夫的家人买礼物，给婆婆买了要不要给公公买，给小姑买了要

不要给大姑买，等等。很多时候又要受自身经济条件的制约，女人处理起来就会左思右量、举棋不定，这样女人自己受累不说，很可能还会因为过于考虑平衡关系而失去自己的独特个性。

感情细腻不是不好，但不能过于敏感。感情细腻可以使女人在生活中捕捉到他人的情绪变化，进而做出关怀别人的举动，也可以体贴、谅解别人的难处，给别人以安慰和鼓励，同样的，也能给别人无微不至的照顾……这些都是女人心思细带来的好处。但心细不能过头，过于敏感就会产生上面提到的现象。

形形结婚已经三年了，婚姻生活让形形感觉很幸福，老公爱她、疼她，照顾她。作为女人，她很知足。但是，最近形形有些失落，老公晚回家的次数明显增多，虽然有电话打来，但她还是怀疑老公有什么事情瞒着她。于是，有一次她偷偷跟踪老公，事也凑巧，就在形形跟踪老公的这一次，老公的一个女同事和他一起坐在咖啡厅里。形形认识这个女同事，以前跟她老公是一个科室的，现在调到另一个科去了。形形满心狐疑，不知道该不该进咖啡厅看看，正在踌躇的时候，她看见老公拿出一个东西递给了那个女同事。女同事接过去好像很开心的样子。形形醋意陡升，冲进咖啡厅，拉起老公就走。

老公看见形形走过来就感到有些惊讶，随即便明白了事情的缘由，他想解释一下，但形形死命地拉他让他觉得在同事和众多人面前很没面子。于是，他甩了一下手说："你先回去，我回头跟你解释。"

"还解释什么？我都看见了，你给她什么让她这么高兴？怪不得这些天回来这么晚，就是跟这个不要脸的女人在一起呀！"形形这么一嚷，全咖啡厅的人都看着她老公，她老公脸上一会儿白一会儿红，更加感到难堪。

他愤怒地对彤彤吼道："我叫你回去你就回去！听到没有！你跑到这里来干什么？"彤彤从来没受过老公如此斥责，惊呆了，片刻沉默后，彤彤捂着嘴巴跑出了咖啡厅。

彤彤回家后就开始找老公出轨的线索，把老公的衣服翻出来检查，把老公看过的书拿出来翻，看看有没有可疑之处……

老公回来时，彤彤把屋子折腾得乱七八糟的，老公一看更火了，两个人大吵了起来。从此，彤彤就开始追查老公的手机、聊天记录，等等。

她老公烦不胜烦，两人经常吵架。

女人心细容易患得患失，给自己压力，让自己紧张，所以，彤彤会跟踪老公、追查老公的信息，使自己更加不安和躁动，从而破坏了家庭原有的和谐氛围。

女人心细是要用对地方的，用不好就会使自己陷入尴尬境地。所以，女人要善用自己的优点，把细心变成体贴。

导师训练营　怎样将心放宽？

第一招，转移注意力。当一个人的事情忙不过来的时候，就没有更多的心思去过问无关紧要的小节了。如果实在没事做就学学瑜伽，练练跳舞，参加社团活动等。

第二招，先不要急于生气、发火，先了解事情真相，再想办法解决问题。遇到事情先要深呼吸，给自己五分钟的时间考虑，这样就会平静下来，不会做出过激的行为。

成功的妻子
管得了丈夫的人和心

【导师履历】

梁凤仪，她是香港著名财经作家、企业家，开香港家庭引菲律宾女佣之先河，从1989年推出第一部小说《尽在不言中》开始，一跃成为风靡一时的情感畅销作家。

幸福好声音　关注丈夫的人要先从关注丈夫的心开始

梁凤仪，一个商界里的传奇女子，一个作家界里的异类红颜，她用自己独特的魅力征服了千万读者，也征服了一群商界精英。我们无论从哪个方面来看她，她都是成功的。当我们怀着几分崇敬之心仰望这位和她的作品一样传奇的女子时，她却淡然地说："如果要我选择，我想我最愿意做的还是家庭主妇，其次是商人，最后才是作家。"听到这里我们不禁惊异，如此才华横溢的女子会甘心做一个家庭主妇？不错，梁凤仪确实是一个家庭观念较为浓重的女子，她对婚姻、对家庭有着自己的见解和体会，她以一个过来人的身份骄傲而又诚恳地对我们说："一个最成功的妻子是管得了丈夫的人和心的。当然，也能让丈夫在自己眼前，像对待朋友一样，将他的心事说出来。"

很多女人都想做个成功的妻子，都想要老公对自己一心一意，都希望丈夫对自己坦白，但是能让丈夫做到这一点的女人并不多，这需要很高的情商和智慧。做一个成功的妻子，要管住丈夫的人容易，但要管住丈夫的心却是难的，因为一个人的行动好控制，而一个人的心却不是任由人操纵的。我们也都知道，一个人的行动很多时候是由一个人的心来支配的，一旦我们抓住了对方的心，也就很大程度上管住了对方的行动。

每个男人都希望有一个关怀自己的妻子，在劳累了一天之后，回到家里会得到一个温馨的拥抱，一句感激或称赞的话，这样即使他们再累心里也是甜的。一个懂得关怀男人的妻子是懂得欣赏和赞美老公能力的妻子，老公会因为妻子的欣赏而充满自信，那些不分场合、不分对错就把男人的尊严踩在脚下的妻子很容易把丈夫赶走。所以，女人要想抓住丈夫的心就该表现出自己对丈夫的关怀。这种关怀不是流于表面的，是发自内心的，发自内心的关爱才能让丈夫感到幸福，才能让丈夫眷恋你。男人有时候是脆弱的，他们需要女人给他们温暖和力量。如果要抓住男人的心就要让他们在脆弱的时候想起你。

男人对女人有天然的亲近，也有天然的畏惧，他们害怕被女人看不起，也很难摆脱这种畏惧带来的焦虑，因此他们需要女人的宽容，宽容他们在某些方面的失误，宽容他们在某些方面的无能为力，宽容他们偶尔对你的疏忽……懂得宽容的女人能够得到男人的感激和珍惜。

女人与男人最大的不同是女人的情感比较柔弱，男人的抗压力比较强，所以女人的柔弱会让男人有保护的欲望，会在给予女人安慰和安全感的同时产生成就感，这种感觉让男人受用。所以，女人不要表现得太过强势，你只要让他感到他能为你解决问题就可以了。

一对老夫妻前不久举行了他们的金婚纪念日，纪念办得很隆重，有很多人参加，当人们簇拥着老妇人让她介绍婚姻长久的秘笈时，她腼腆地说："从我打算和他结婚那天起，我就决定原谅他的十条缺点，为了让自己得到幸福，我就对自己承诺，他犯了十条中的任何一条，我都要原谅他，几十年来，他小错、大错都犯过，我都原谅了他。"

大家对她允许的"十条缺点"很好奇，于是纷纷追问，老妇人想了想说："懒惰、自以为是、粗心、花心……"

大家听了唏嘘不已，老妇人清了清嗓子说："大家不要奇怪，其实刚结婚的时候，我根本就没有把这"十条缺点"列出来，只是他每惹我生气一次我就告诉自己，这是十条里的一条，我可以容忍的。"大家这才点点头称是。

老妇人又说："作为女人，我懂得要体贴，要温柔，所以，即使他有过想逃离的念头最终还是回到了我身边。"大家听了连连点头。

女人要关注丈夫的人要先从关注丈夫的心开始，而要关注丈夫的心要先从自我的完善开始，当然，这一切都要以爱为前提。

导师训练营　怎样让丈夫体会到自己的关爱？

第一招，多一点儿甜言蜜语。甜言蜜语要发自真心，对男人的付出表示感谢，这样男人会觉得受到重视，他能体会出爱人的爱意。

第二招，给对方一点空间。每个人都希望自己的隐私被尊重，也都希望有一些行动上的自由，女人适当给男人一些空间，他会更恋家。

第三招，在他低落的时候给他一点鼓励。男人有时候也很脆弱，这时候它需要一点宽慰，一点信任和鼓励。

爱是心灵的相伴

【导师履历】

陶思璇，她是北师大发展与教育心理学研究生，也是心理学家陈向一教授的爱徒。作为家庭治疗师、国家心理咨询师、情感关系专栏作家，性与性别研究所研究员，中国单身女性网CEO，她一直怀着一颗快乐而感恩之心前行，用爱铺就自己的成功之路。

幸福好声音

让婚姻成为心灵的栖息地

　　一头卷发、笑容可掬的情感专家陶思璇在做客优米网的时候用她一贯的温柔向我们传授婚姻的幸福之道，当我们问及爱情的本质的时候，她浅笑，优雅而温和地说："人心变化莫测，有时想流浪和冒险，但它本质上还是需要一个栖息地的，倚靠在另外一个心灵上，倘若你已经找到了另一颗心当珍惜，切勿伤害它。当我们历经人事，会发现我们信奉的爱情模式还是专一和忠贞的。关心一个人并且被这个人爱护着，心便有了着落，与这种相依为命的伴侣之情相比，任何事都显得微不足道了。"

　　听了陶思璇的一席话我们会有什么样的感受呢？会点头称是，还是会垂眼沉思呢？爱情这个古老而永恒的话题从来都没有被世人所遗忘。人们因为相爱在一起，但是人们为什么会相爱呢？为什么一个人可以爱这个人却不爱另一个人呢？为什么爱着这个人的时候，还会留心其他的人呢？爱情总是这样让人难以捉摸。

陶思璇的话恰恰给了我们一个提示：**人们相爱是因为要在心灵上找一个栖息地，需要和另一个人的心依偎在一起，相互取暖，相互支撑**。有时候，人们的心想要去流浪，想要去冒险，但是它最终还是希望找到一个可以停泊下来的港湾，让自己的心灵有着落。这种相依相伴的感觉，是任何一段艳遇都无法比拟的。

人类最原始的吸引来自不同的性别，来自外貌、气质、谈吐等外在因素，随着接触的增多和了解的深入，才会在性格、思想、灵魂上寻求契合点。如此，人们更注重心灵的交流，心灵吸引才是最持久的吸引力。

人们都希望自己的爱人久久迷恋自己，欲罢不能，但是这个愿望似乎在现实中忽远忽近，有的人用尽各种办法来达到目的，而有的人却认为这是不可能的，所以听天由命，或者寄希望于良知。实际上，只有两个人心灵上的吸引才是最为持久的吸引，才不容易发生情感迷失。所以，要经营自己的爱情要先从心灵交流开始。

陕南和吕晴是大学时的恋人，毕业后便结了婚，婚后，两人为生活而奔波，日子过得简单而朴实，但是两个人都觉得很幸福。他们每天下班回来会一起做饭，谈一天里所见所感，也会在某个节假日里一起到咖啡厅里聊一聊对未来的打算和向往。

从什么时候起陕南开始不再与吕晴谈天说地了呢？是陕南被任命为经理以后吧！陕南当上经理以后经常出去应酬，很少有时间在家吃饭，吕晴下了班一个人做饭、吃饭，偶尔陕南会回来吃饭，但也是草草吃完就睡觉了，两个人很少交流。

吕晴渐渐感到疲惫，她觉得有这个人和没这个人没什么区别，每天都是一个人面对问题，每天都是一眨眼就不见了人影，晚上快睡了陕南才醉醺醺地回来，就连温存也是敷衍。吕晴厌倦了这种生活，她不知道怎么样才能排遣心中抑郁，她曾跟陕南交谈过几次，希望陕南留一些时间给自己，陕南答应得挺好，但从来不履行。吕晴越来越失望。

就在这时梁宽走进了吕晴的生活，凭良心讲，梁宽没有陕南帅气，也没有陕南有能力，但他肯坐下来和吕晴谈兴趣、谈理想、谈未来、谈生活，吕晴变得不安分起来。等陕南意识到问题的严重性时，吕晴已经投入了别人的怀抱。

每个人都希望与爱人长相厮守，但这是要付出心血的，它需要心灵上的交流与碰撞，如果没有心灵上的吸引，一切交谈只是敷衍。

导师训练营　怎样与爱人进行心灵交流？

第一招，自己要有自己的思想和见解。你可以和爱人有不同的看法，但你们要有基本的尊重，能容纳对方的观点。

第二招，营造一点气氛。好的气氛能让爱人放松心情，愿意与你交谈。

第三招，与爱人做个约定。与爱人约定每天回来交谈几分钟，但要高质量的交谈，是发自内心的交谈。

职场就像一盘棋，每走一步都要小心谨慎，每一个环节都要照顾周全，方方面面的事情都要有所考虑，不然说不定就会在哪里出乱子，一着不慎满盘皆输。我们大半生的时间可能都在职场中度过，在这漫长的博弈中，没有一点本领，没有一个良好的心态，很难把这盘棋下下去。

PART6

坚持的声音

人生是一场漫长的博弈

把握自己的能力往前走

▶【导师履历】

王树彤，她是电子商务网站敦煌网首席执行官，做过清华大学软件开发和研究中心的教师，也当过微软市场服务部经理和事业发展部经理，之后加入思科，管理着"思科亚洲最佳团队"。在卓越网当CEO时，她领导卓越网成为中国最大的网上音像店。

幸福 好声音　　做力所能及的事

王树彤的身形娇小，轻盈灵动，眼睛还会说话。她的笑容尤其甜美，只要我们跟她讲话，便会感到她女性特有的柔美。就是这样一个女人味十足的女子却取得了一般男人都无法取得的成绩。对此，王树彤会告诉我们说："因为我的脑子转得没那么快，也没那么聪明，对我来说，掌握最简单的原则就是最好的。生活对我来说就一件事情——做我喜欢做的事，把握自己的能力，不断往前走，同时与我喜欢的人在一起。"

"做自己喜欢的事，把握自己的能力，不断往前走"，事实上，不管我们是不是做自己喜欢的事，我们都要把握自己的能力往前走，尤其在职场。有时候，我们做的并不是自己最喜爱的事情，也有时候，我们对自己的工作会越做越喜欢。不管什么样的工作，我们都要把握自己的能力，不断往前走。把握自己的能力，就是要认清自己，要明白自己所具有的素质，要看自己是不是有能力承担某件事成败所带来的后果，如果我们认为可以，那么，我们不妨冒一点儿险。如果我们觉得自己的能力无法承担这份工作所带来的后果，那么就放手，把它交给别人，自己通过努力成长为可以担当大任的人。

能够把握自己能力的人才是能够在职场上游刃有余的人。他们知道自己该做什么，不该做什么，做哪些事情能帮他们得到肯定，提升他们在公司的影响力。

一个对自己的能力都没有清晰认识的人，很容易犯冒进或畏惧不前的错误。这些人要么在职场上摔跟头，要么十年八年熬不出个头，只能做个小职员。

职场就是一场博弈，是在跟别人博弈，也是在与自己博弈，既然是博弈，就要知己知彼，而知己是根基，知彼是策略。我们知道了自己，也就知道拿什么去与人竞争。知己，自然就是跟自己博弈。不要以为了解自己很容易，实际上，每个人最了解的是自己，最不了解的也是自己。很多人都不相信，那么你有没有遇到过这样一种情况，你不知道自己错在哪里，你不知道一件事你处理不好而别人却能处理好的原因，你不知道自己要什么，你不知道你还有多大潜力，你不知道你还能支撑多久……了解自己也是不容易的，就是自己在跟自己打架，打的是心态、是技能、是素质。

把握自己的能力需要分析自己，一旦我们明白了自己，我们也就找到了方向，也就增加了竞争中取胜的筹码。

　　程韵和美亚是大学同学兼好友，两个人毕业后同时进入当地最为有名的L公司。程韵是个很清楚自己能力的人，也是个清楚自己想要什么的人。而美亚却是个凡事都不肯留意的人，对自己的能力和潜质也不在乎，但她不管什么事都想试一试。

　　两个人在同一部门，因为是新人，两个人都很积极，所以部门下派任务的时候，两个人都抢着干，只是不同的是，程韵会分辨一下任务的轻重缓急，再根据自身的能力情况，然后决定是不是要争取该任务，而美亚则一门心思想表现，所以什么活都接，什么活都做。

有时候，有些工作对于新人来说是陌生而艰巨的，但美亚不管这个，先接下来再说。情况好的时候，美亚会完成任务，赢得上司一番赞扬，但更多的时候，美亚会把事情弄得一团糟，让上司很失望。上司觉得，美亚浑身上下一股子蛮劲，很积极，但不知道她什么时候就给你捅个窟窿出来。所以，很多时候，上司愿意把工作任务交给程韵去做，因为程韵不接无法胜任的工作，只要接了她就能做好。交给她，上司放心。

渐渐地，程韵与美亚的差距就拉开了，程韵两年以后做了公司里的小主管，而美亚还是个普通职员。

可见，工作，不是不能冒险，而是要量力去冒险，有些事做起来，自己觉得失败了没什么，但对公司来说却是一笔大损失。如果我们不把握自己的能力向前冲，那么，我们摔跟头是迟早的事。

导师训练营 如何测试自己的能力?

第一招，拿出一张纸来分析。拿出一张纸，在纸上写出自己的优劣势，写出做这件事失败所造成的后果，衡量自己成功的几率，衡量自己能不能承担万一失败后的后果。

第二招，分析任务本身的难度。任务本身的难度其实是可以从侧面看出来的，如果连上司都皱眉头的事情，我们就要想想自己是不是有这个能力去担当。

不是别人强迫的就不觉得冤

▶【导师履历】

吴士宏， 1986年进入IBM，1998年2月任微软中国区总经理，1999年8月从微软辞职，一年后任TCL集团常务董事副总裁，TCL信息产业（集团）有限公司总经理。2002年他又离开了TCL。2007年6月30日他再次被TCL任命为独立非执行董事及审核委员会成员。

幸福好声音　　　　**从内心接受自己的选择**

　　吴士宏，谦虚大方、和蔼可亲，从不气势凌人，但她的气场却非常强大。作为职业女性她很成功，从IBM的勤杂工到IBM的中国区总经理，再到TCL的总经理，一路走来，这个女子以她的坚忍不拔赢得了大家的尊重。当我们走近吴士宏，试图了解这个不同凡响的女版"打工皇帝"时，我们会发现，她并非我们想象的那样充满自信，她只是有着强烈的自尊心，有着一股子既然做了，就不要喊冤的劲头。

　　我们笑问吴士宏："做一名成功女人是不是很辛苦？"

　　吴士宏低头略加思索后，对我们说："做成功的女人要牺牲很多东西，以前我是这样想的，现在我想明白一件事，没有任何人强迫我去做，那是我自己的选择，所以心里不是很冤，那我觉得我的问题在于我只能专注，特别专注地做一件事，所以我要分段去计划我的生活。我看过很多成功的女人，有美满家庭，有很多东西，有丈夫，有孩子，什么都有。只是我没有那么棒而已。但是我觉得也不能一概而论，成功女人好像让大家感觉失去了很多东西。我觉得从另外一个视角看，是因为她的成功达到一定程度可以被大家看见。我觉得人最重要的是把握自己的选择就好了，只要不是别人强迫你的，你就不会冤。"

这番话很朴实，但却很透彻，我们仔细想想，很多情况下似乎就是这样，在职场中，我们想博得一席之地，想要一个美好的前程，我们就会奋力去争取，就会付诸行动。但是有时候，我们付出多少未必得到多少，或者是我们得到"此"却失去了"彼"，因而我们会出现心理失衡，觉得自己冤枉。

在职场里摸爬滚打的人们，哪一个不希望有一个锦绣前程，哪一个不希望加薪升职，哪一个不希望得到其他人的尊敬，既然是这样，我们所做的一切也就都是为了自己而做，不是单纯地为了公司而做。

所以，没有谁真的强迫我们做什么，是我们为了自己愿意去放弃一些东西。所以，不要抱怨加班没休息时间，你可以拒绝加班的，但你没有，为什么？因为你有所求！不要抱怨自己为了工作没有精力经营好家庭，如果你肯花一点心思在平衡两者的关系上，那么你也就能赢得事业和家庭的美满。

换句话说，我们没有什么冤枉的。有人可能会说，公司就是强迫我加班！我不加就被开除了。真的就因为不加班就会被开除吗？不加班就开除员工的公司你当初选它干什么？是自己选择的东西就不要觉得冤。

人一旦把做事情看作是为自己而做，就会心态平和地做这件事，就会全力去做这件事，因而在工作中所获得的快乐就越多。

小川进入太平洋公司的时候，一直对自己有个规划，他想通过自己的努力，在一年以后做到主管的位置上，于是他没日没夜地加班，工作劲头十足，工作成绩也还不错。但是，奇怪的是，一年以后，小川并没有被提拔为主管，公司选了另一个平时不怎么加班、不怎么拼命的小伙子为主管。

小川心里很不服气，自己没日没夜地加班加点，却什么也没捞着，何苦来呢？真憋屈。小川找到他的上司，对上司说："我不明白自己为什么没能当上主管？我哪里有失误或是不够资格吗？"

上司看了看小川说："嗯，不是你有失误，也不是你不够资格，而是小刘比你工作效率高，你日夜加班的工作量和小刘不加班的工作量差不多。主管以后还有更重要的事情要做，而你哪还有精力呢！"

小川一下子清醒了："可不是嘛，没有谁一定要自己加班加点地工作，是自己选择用这种方式来表现自己的努力的，结果却适得其反，这不是自找的嘛！自己放弃节假日陪家人玩耍的机会，来到公司也是自愿的，没谁逼着我来，我还有什么可冤的呢？"

小川想通了之后，不再抱怨，继续做自己的工作，节假日带家人四处走走，没什么特殊情况他就不加班。

令小川高兴的是，即使他不加班，他的工作也做得不错。以前就因为有加班的念头，所以很多工作都推到加班时间去做了，不加班倒是提高了工作效率。

我们工作时不要去抱怨某某强迫我们做了什么，如果我们不接受，谁强迫我们做什么我们都不会做。既然接受了，就不要觉得冤，做自己应该做的事情，就会投入更多的热情，而回报也是丰厚的。

小熊和小猴同在一家动物超级市场工作，它们俩都是从最基层的采购工作开始干起的，且工作都很努力。

不久，小熊受到总经理山羊的青睐，一再被提拔，从采购员一直升为部门经理，而小猴却还在做采购工作。

终于有一天，小猴心理不平衡了，向总经理山羊提出辞呈，并斥责道："我和小熊是一同参加工作的，我们工作都很努力，你提拔它我没有意见，但却对我的付出视而不见，对我一点儿也不重视，这种用人制度太不公平了……"总经理山羊耐心地听着，它了解这个小猴，工作肯吃苦，但似乎缺少了点儿什么，缺什么呢？

总经理山羊忽然有了个主意："小猴，你现在就到集市上去，看看今天有卖什么的。"

小猴很快从集市上回来："集市上只有一头驴子拉了一车西红柿在那卖。"

"那一车大约有多少袋？"总经理山羊问。

小猴又跑到集市上，回来后气喘吁吁地说："有10袋。"

"价格多少？"总经理山羊问。

小猴一听，就打算跑到集市上问一下，它刚扭过头，总经理山羊就拉住它，说："你休息一会吧，看看小熊是怎么做的。"

然后，总经理山羊把小熊叫过来："小熊，你现在就到集市上去，看看今天有卖什么的。"

小熊很快从集市回来了，汇报说："到现在为止，只有一头驴子在卖西红柿，共一车10袋，价格适中，质量很好，我带回了几个你看看。"小熊把西红柿拿出来放到总经理山羊的办公桌上，"还有，那头驴子过一会儿还将弄几筐茄子到集市上去卖，据我看价格还公道，可以进一些。鉴于那头驴子卖的东西性价比高，所以我觉得我们可以和它进行长期合作，现在那头驴子正在外面等你回话呢。"

总经理山羊看了一眼小猴，说："请它进来。"

小猴惭愧地低下头。

相信小熊的做法会引起小猴反思的。同样的一件事，不同的人去执行，结果差距就很大。这里面有态度的不同，也有思维方式的差别。小熊不但很认真地分析了市场情况，还拿出了一套可行的方案，这比小猴想得要远很多。由此可见，小熊被提拔也在情理之中了。

怎样把握好自己的选择?

第一招，尽人事，听天命。对于自己的选择，尽最大努力去做，但没有收到预期的效果不要觉得冤枉。

第二招，注重方法。对自己选择的事，努力付出固然重要，但也要注意方法。

主动表达自己的意见和看法

▶【导师履历】

李开复，1998年加盟微软公司，并随后创立了微软中国研究院。2005年7月加入Google（谷歌）公司，并担任Google（谷歌）全球副总裁兼中国区总裁一职。2009年9月，宣布离职并创办创新工场，任董事长兼首席执行官。

幸福好声音　主动表达，我们才能脱颖而出

　　短平头、小鼻子、小眼睛、外加一副小眼镜，整个人都显得精明强干，这就是李开复。李开复堪称中国业界最有影响力的人物之一。职场沉浮多年，李开复以他的聪明才智和博大胸怀赢得了各方的好评。现在的李开复致力于对中国青年人的培养，举手投足间彰显着大师的风范。当我们走近李开复，走近这位有着卓越影响力和感染力的大师时，我们就会感受到他的独特魅力。让我们惊奇的是，他并不像我们想象的那样难以接近。相反，他温和儒雅、平易近人，浑身上下洋溢着师者的热情。我们怀着崇敬之心，去请教李开复如何在职场上引起别人关注时，李开复笑着谦和地对我们说："你不可以只生活在一个人的世界中，而应当尽量学会与各阶层的人交往和沟通，主动表达自己对各种事物的看法和意见。"

　　听到这里，我们陷入了沉默，我们在审视自己，我们似乎总是用自己的方式去与这个世界上的任何一个人打交道。我们只与身边的人交往，从来没有想过要去跟各个阶层的人打交道，更不想主动去发表自己的看法。尤其在

公司，怕承担责任，怕得罪人，怕说错了会失去面子，等等，我们封住了自己的口，小心翼翼地做人，生怕工作上有人给穿小鞋，或者出了纰漏，自己没好果子吃。

恰恰是我们的不敢开口，使我们丧失了很多机会。**好的建议，好的观点，好的点子，其实一直在我们心里盘旋，如果我们有了一个比较全面的想法，就不如向我们的上司、我们的同事提一提，说不定会有意外收获**。就算我们只有初步想法，也可以提一提，这样大家在一起讨论，没准就打开了你的思路，也就能商量出一个不错的办法。不要担心，我们的点子被别人抢了去，每个人心里都有一杆秤，我们说过什么，做过什么，有人会看得出，有人会记得住。这是我们表现自己的机会，也是我们获得发言权、委任权的好机会。

主动表达，我们才能被看到，我们才能从众多的竞争者中脱颖而出。一味沉默不是被人认为没有想法、没有创意，就会被人认为老实、好欺负。所以，适时的反抗，适时的举手，适时的建议，是可以提升我们在职场上的形象的。同时，我们的建议被采纳也会增加我们的工作热情和自信心。而如果我们的建议不被采纳，我们也可以从中吸取到教训，以改正自己的一些错误认知，或拓宽我们看问题的思路。

王伟和马林是同一批进入公司的业务员。王伟性格外向，喜欢讨论问题；马林性格内向，沉默寡言。上司比较注意调动新人的积极性，每次分派任务或研究方案都问问新来的业务员有什么意见。每次问到马林时，马林都摇摇头说没意见，而问到王伟时，王伟总是认认真真地分析情况，给出些建议，虽然这些建议经常不被采纳，但王伟却从中找到了自己的很多盲点，在以后的工作中，他尽量避开自己的误区，工作渐渐有了起色。

上司看到王伟这么活跃，开始尝试让他负责一个小案子，实际上，这个案子马林也有自己的想法，他觉得新人做这个案子可能会出问题，虽然它很小，但是关系却重大。所以，他还是觉得老业务员做比较合适。但是，他怕自己把建议说出来，王伟会不满，上司会以为他妒忌别人，所以，他选择了默默地做自己的事情。

这件案子做下来，王伟确实感到吃力，要不是后来老业务员出面，公司可能会在将来损失一笔重大的订单。上司知道王伟的失误后并没有过多责怪，反倒是马林的一言不发让上司很惆怅，这样的业务员怎么做业务呢？

不久，马林就被辞退了。

主动表达自己的看法与意见，才能吸引别人的关注，才能有更多的机会展现自己。 王伟就是因为善于表达自己的看法才受到了上司的重视。所以，我们在职场上，不能只做埋头苦干的老黄牛，也要做一只会表达自己的百灵鸟。

导师 训练营　　如何发表自己的意见？

第一招， 在合适的场合，发表合适的意见。一般只有上司和你单独在办公室的时候，你可以畅谈对某事的看法，但注意不要说其他人坏话。如果是在集体面前，上司如果不提问你，或者上司没有说你们谁有意见时，你最好不要当众说出自己的想法。

第二招， 把自己的意见写下来。有时候，我们的意见自己也不知道是不是正确的，又不好直接去说，那么就写一封信或邮件给上司或同事，表达自己的想法。

世界上没有苦劳只有功劳

周华健， 出生于香港西营盘，1979年赴台湾求学，热爱音乐的他，1986年加盟滚石唱片公司，逐渐成长为台湾及亚洲华语流行乐坛的天王巨星，至今已发行音乐专辑逾40张，累计销量过千万。他的歌总是给人以亲切，静静地抚慰人们的心灵。

幸福好声音　　　不重过程重结果，不重苦劳重功劳

　　周华健，华语乐坛的巨星，纵横流行乐坛长达三十年之久，他的歌至今仍有大批听众。当我们走近这个天王级的巨星时，我们以为他会给我们很大的距离感，但我们没想到的是，他的人和他的歌一样温暖、自然、亲切、向上。当我们向他询问成功的奥秘时，他丝毫没有矫揉造作地对我们说："学习之道，不能一味从下面往上看，因为这样你永远看不到任何东西，看不到各种事物之间的关系，你要从上面往下看，才能看得清楚。就像在公司里，这个世界没有苦劳，只有功劳。老板为什么要你的苦劳？你要认清自己的位置，才能成功。"

　　他的话没有气势磅礴，也不故作玄奥，通俗易懂且一针见血，越嚼越有味道。周华健是个睿智而丰富的人，像他这样的人在演艺界也不少。我们细想周华健的话，其实里面有着大智慧。不记得在哪一本书上看到一幅漫画，漫画里有一只竹竿，竹竿顶端坐着一个硕大的人，竹竿底部有一个人往上

爬，但是他只看到硕大的屁股。事实上，从下面往上看，是看不到什么的，更看不清事物之间的联系。而从上往下看就不同了，你站在老板的位置上去审视整个公司的运营，去看公司的全局，你就会发现，老板要比我们压力大，他担负着一个公司的前途命运。

老板要的是结果，不是过程，过程再精彩没有结果也没用。上司需要公司赚钱，这样大家才有饭吃，我们有再多的苦劳，却没有为公司创造价值也是没有用的。所以，每个人都要清楚自己的位置在哪里。只有这样，才不会抱怨，才知道努力，才会成功。

联想集团有个很著名的理念：不重过程重结果，不重苦劳重功劳。这是写在《联想文化手册》中的核心理念之一。在这个手册中，还明确记录着，这个理念是联想公司成立半年之后，开始格外强调的。

以往，我们经常听到某些人讲："没有功劳，也有苦劳。"苦劳固然使人感动，但在新的历史形势下，只有不断创造功劳的人，才有更好的发展。

> 一位企业领导让李梅去买书，李梅先到第一家书店，书店老板说："刚卖完。"
>
> 之后她又去了第二家书店，营业人员说已经去进货了，要隔几天才有。
>
> 李梅又去了第三家书店，这家书店根本没有听说过这本书。
>
> 快到中午了，李梅只好回公司。见到领导后，李梅说："跑了三家书店，快累死了，都没有买到，过几天我再去看看！"领导看着满头大汗的李梅，欲言又止……

李梅有苦劳，却没有功劳，因为她没有为公司提供所需要的东西。要知道公司是靠结果生存的，如果我们每个人都满足于苦劳，满足于"我尽力了，没有结果我也没办法"，那么公司靠什么生存呢？

其实，去买书是任务，买到书才算任务得到有效落实。李梅的确跑了三家书店都没有买到书，这就意味着李梅已经付出了劳动，却没有将任务有效地落实，如何让自己的付出有回报呢？

只要李梅执著地去落实，有效的方法有：

一，打电话问其他书店是否有这本书，这样可以大大节省跑书店的时间。

二，向书店打听，或者上网查这本书是哪家出版社出的，直接与出版社联系。

三，到图书馆查是否有这本书，如果有，就问领导愿不愿意花钱复印。

但李梅这样做了吗？

没有！

为什么她不这么做？

因为她脑子中有一个想法：你安排我做这件事，我就去做这件事，我只对事情的过程负责，而不对结果负责。

但公司真正想要的是做事的过程吗？答案当然是否定的，公司要的是结果。

我们只有明白自己的职位，知道去追求工作结果，才能在公司站住脚，才能得到升职加薪的机会。

第二次世界大战期间，有一队美国士兵要被派到德国去做间谍。领队的长官告诉士兵们，送他们去的飞机只能在德国和俄国的边境附近把他们空降下去，因为那时候欧洲第二战场还没有开辟，盟军部队还不能接近德国领土。

问题是这些士兵在一个月前都还不会说德语，但长官严肃地告诉他们："一个月之内你们要学好德语，一个月之后出发，不论你们到时候学会没有，都得去。"结果士兵们在这一个月里日夜苦学，一个月后几乎人人都能说一口地道的德语，甚至连口音和语调都非常像德国人。

为什么他们能这么神速地学会德语呢？因为士兵们都知道，如果他们的德语学不好，一旦他们跳下飞机，德国人就会立刻把他们抓起来，他们就会没命。

尽管很多人在学外语的过程中，想着"苦读法"，想着"巧记法"，想着"速成法"，但是不管怎样都只为了一个结果——学会外语。

有效落实应放在第一位，执行的本质就在于结果，实现预期目标，没有结果一切过程都没有意义。反过来讲，如果任务没有落实，那么所有的苦劳都没有价值，因为过程所追求的目标是获得有效的结果。

导师训练营 **怎样做事才能出成果？**

第一招， 找对方向。自己以什么样的目的去做事，一定要清楚，否则难以达到效果。

第二招， 用对方法。有时候，我们知道目标是什么不一定就能做好，但我们知道目标又用对了方法，那么我们做出成果也就不难了。

没有积累就没有成功

▶【导师履历】

蔡康永，台湾著名的节目主持人、作家，主持过众多节目，包括名人访谈节目《真情指数》和青老年人沟通节目《两代电力公司》，以及综艺访谈节目《康熙来了》。身在娱乐圈中的他，也曾出版过多本散文著作，包括《LA流浪记》《痛快日记》《那些男孩教我的事》等畅销作品。

> **幸福好声音**　　　　　**人生前期是需要积累的**

　　蔡康永因为《康熙来了》而声名鹊起，他温文尔雅，亲和友善，给人以舒适、自然之感。这个阳光、励志的搞怪天才有着深厚的文化底蕴和良好的家世背景。因而他更懂得顾全大局，更懂得与人的相处之道，也更懂得如何来面对人生。

　　我们就人生这个话题和他探讨，他温和而笑意浓浓地提醒我们："人生的前期越怕麻烦就会在以后错过越多的风景。"

　　我们不懂，疑惑地看着他，他便解释给我们听："15岁觉得游泳难，放弃游泳，到18岁遇到一个你喜欢的人约你去游泳，你只好说'我不会啊'；18岁觉得英文难，放弃英文，28岁出现一个很棒但要会英文的工作，你只好说'我不会啊'。人生前期越嫌麻烦，越懒得学，以后就越可能错过让你动心的人和事。"

　　不用再说什么了，蔡康永很生动地把早期的勤奋和人生后期的发展联系起来。只有不怕吃苦、不怕麻烦，学会一些本领，才能为日后的美好生活打下基础。我们时常会有这样的窘迫，当我们想要争取做一件事的时候，忽然发现自己没有这方面的技能或经验，不但别人不信任我们，就连我们自己都惶恐不安。有时候，即使我们得到了一个很好的机会，也不能圆满地完成任务。为什么？因为我们不具备这个能力。

人生前期打好基础是十分重要的，如蔡康永所言，我们15岁时因为怕麻烦、怕溺水，不学游泳，到我们成年，有人约我们游泳时，结果我们因为不会而去不成，丧失了很好的机会。在学校时，不好好学外语，不好好学计算机，不好好学专业课，走向社会找不到适合自己的工作，一直为经济来源而奔波。

事实就是这样，人生前期不作好准备，就无法应付日后突如其来或终要面对的事情，也会错过很多机会，错过不同的风景。职场中更是如此，如果我们怕麻烦，不作好一些积累，那么我们就无法抓住更多的机会，也无法做出成绩来。

约翰·布勒起初只是美国通用汽车公司整车装配线上的一名杂工，他的成功源于工作中一次次平凡的积累。抱着积累平凡就是积累卓越的工作理念，他在30岁就被擢升为公司总领班，成为通用公司最年轻的总领班。

布勒是在20岁时进入工厂的。工作一开始，他就对工厂的生产情形做了一次全盘的了解。他知道一部汽车由零件到装配出厂，大约要经过10个部门的合作，而每一个部门的工作性质都不相同。

他当时就想：既然自己想在汽车制造这一行做出一番事业，就必须对汽车的全部制造过程有深入的了解。于是，他主动要求从最基层的杂工做起。杂工不属于正式工人，也没有固定的工作场所，哪里有零活就要到哪里去。因为这项工作，布勒才有机会和工厂的各部门接触，因此对各部门的工作性质有了初步的了解。

在做了一年半的杂工之后，布勒申请调到汽车椅垫部工作。不久，他就把制椅垫的手艺学会了。后来他又申请调到点焊部、车身部、喷漆部、车床部等部门去工作。

　　在不到5年的时间里，他几乎把这个厂的各种工作都做过了。最后他又决定申请到装配线上工作。

　　布勒的一位朋友杰克对布勒的举动十分不解，他问布勒："你工作已经5年了，总是做些焊接、刷漆、制造零件等这些小事，恐怕会耽误前途吧？"

　　"杰克，你不明白。"布勒笑着说，"我并不急于当某一部门的领导。我以领导整个工厂为工作目标，所以必须花点时间了解整个工作流程。我正在把现有的时间做最有价值的利用，我要学的，不仅仅是一个汽车椅垫如何做，而是整辆汽车是如何制造的。"

　　当布勒确认自己已经具备管理者的素质时，他决定在装配线上大显身手。布勒在其他部门干过，懂得各种零件的制造情形，也能分辨零件的优劣，这为他的装配工作带来了极大的便利。

　　没过多久，他就成了装配线上最出色的人物。很快，他就晋升为领班，并逐步成为15位领班的总领班。

　　如果一切顺利，他将在一两年内升为经理。

布勒为什么能成功？因为他一直都在为成功积累经验。

　　人生是不能没有积累的，一个没有厚度的人生是乏味的人生。职场中要不得含糊，没有一些工作技能是吃不开的，是没有发展前途的。因而，我们要时刻提醒自己给自己充电，为以后的成长和发展铺好路。

　　很多人在实际的工作中越来越强烈地意识到，在学校的宝贵时间都浪费了，自身没有获得丰富的知识积累，以至于自己难以胜任工作，必须工作后进行再学习。

如果不进行再学习的话，你的工作能力就不会得到提升，这会影响同事与领导对你的印象，你自己也会否定自己、怀疑自己。所以，与其在不远的将来让自己处于不利地位，还不如及早努力进行再学习。

　　大学毕业后，小文进了一家贸易公司工作。由于是小镇上的小公司，公司的业务不是很多，更不会有很大的生意。老员工早就已经熟悉了公司的状况，得过且过就成了他们再正常不过的状态了。

　　和小文一起入职的新员工也渐渐地产生了懈怠心理。可是小文却和他们不一样。对公司和这一行业的了解并没有让小文对自己的工作失去信心，而是让倔犟的小文产生了将本职工作做好的想法。

　　由于上学时，小文只学习了英语。随着对世界、对文化的了解，小文深深地迷恋上了韩国。于是，在巩固、熟练英语的同时，小文开始自学韩语。

　　亲朋好友和同事知道了这件事之后，有的劝小文趁着年轻，赶紧离开现在的公司，找一个有发展前景的平台，而有的则对小文说，别瞎折腾了，在这样的小地方、小公司，你学那么多外语有什么用处啊，工作又不忙不累，你干什么给自己找罪受啊。

　　可是，小文根本不理会这些所谓的意见与好意，而是坚持做自己，坚持学韩语。

　　一天，还没到小文上班的时间，老板就给小文打来了电话，让小文马上去公司。于是，小文就一头雾水地匆匆赶去了公司。到了之后才知道，原来有几个韩国人要和小文的公司做生意，但是他们的翻译突然有事走了，老板和韩国人根本没有办法沟通，于是就给小文打了求救电话。

　　在小文的帮助下，公司和那个韩国企业谈好了一笔不算大也不算小的生意。

老板很高兴，所有人都很高兴，小文更是知道这其中的喜悦到来的原因。

可见，不管你在公司里担任何种职位，你都要有再学习的思想准备。

在竞争激烈、危机四伏的当今社会，不是自己淘汰自己，就是被别人淘汰。我们只有主动出击，抓住一切机会提高自己，才能够逐渐强大起来。

导师训练营　怎样给自己充电？

第一招，工作之余读些书。读书是最好的充电方式，但要有目的地读，读一些对工作有帮助的书。

第二招，参加一些培训班。参加培训班可以使自己成长得更快，这种方式适合自我约束力不高的人。

年薪和职位都是靠努力得来的

【导师履历】

李彦宏， 21世纪中国著名企业家，百度创始人。这位年轻俊朗的年轻人，这位注重创新和活力十足的年轻人，如今却靠着自己的远见和勤奋，成为中国企业家中的风云领袖人物。

幸福
好声音
靠努力去改变现状

提及李彦宏，大家便会想起生活中最常用的搜索工具——百度。这么一位思维活跃的传奇青年，却丝毫没有架子，总是满脸笑容。在众人面前的李彦宏，总是严肃的、爽朗的，实际上，他总是忙碌的、热情的，对于成功，年轻的他早已深谙于心，他给我们的忠告是：你不会一开始就有百万年薪，你不会马上就是副总裁，这两样你必须靠努力才能得到。

进入职场的人，有哪一个不是冲着加薪升职去的，如果不是，也要养家糊口，要想过上理想的生活，就要有相应的收入作为支撑，不加薪怎么行？但升职加薪不是我们想要就能要到的，我们需要不断努力，付出辛勤和汗水才能得到。

公司看重的是业绩，是工作成果，没有工作成果，就没有资格同老板谈升职加薪，而工作成果是靠个人的努力来获得的，不是想一想、说一说就能取得的，因此我们要努力工作，争取创造出工作成果来。

在工作中，我们身边总是充斥着各种各样的抱怨：薪水与付出不相符，绩效考核不公正，公司制度不规范，领导有眼无珠不识才……这些人就是不反思自己为什么有这么多抱怨。那些"抱怨王"往往可以把工作中的"不利因素"观察得非常透彻，却不想通过行动去改变现状。

正如李彦宏所言，**我们不会一开始就会有百万年薪，不会马上成为公司的副总裁，这要一步一步去实现，而每一步都要付出努力才能完成**。这个世界说公平也公平，说不公平也不公平，我们付出努力不一定会成功，但不付出努力就一定不会成功。

　　小李对好朋友小王说："我要辞职了，我恨这个公司，老总一点儿也不看重我！"

　　小王建议道："我举双手赞成，这个破公司一定要给它点儿颜色看看，不过你现在离开，还不是最好的时机。"

　　小李疑惑不解。

　　小王说："如果你现在走，公司的损失并不大。你应该趁着还在公司的机会，拼命为自己拉一些客户，成为公司独当一面的人物，然后带着这些客户突然离开公司，公司就会受到重大损失。"

　　小李觉得小王的话非常在理。于是忍辱负重，努力工作。天遂人愿，半年后他有了许多忠实的客户。

　　再见面时，小王笑着对小李说："现在是时机了，要跳赶快跳哦。"

　　小李也笑了："老总刚与我有了一个长谈，他准备升我做总经理助理，薪水也涨了不少，我发觉这个公司还是挺好的……"

　　这正是小王的初衷。

要想得到他人的认可，就要努力工作，不断提升自己的能力。在努力成长的过程中，自身的能力在不断提高，对公司的贡献也在提高。如果公司能看到员工的重要性，自然会加以重用。

小平是一名普通大学毕业生，在大学期间他碌碌无为地度过了四年，各种社团都报过名，还参加了很多资格认证考试，但他没有在任何方面潜心研究。

　　虽然每一门功课都及格了，但每门功课都不擅长。于是在毕业求职的时候，他不知道如何给自己一个合理的定位，因为无论哪一方面，他都无法胜任，没有一个绝对的优势，连他本职专业——会计——也不十分精通。因此，对招聘人员的问题自然无法准确应答，最后只能找了份并不十分满意的会计工作。

　　在工作中，小平认识到自我定位的重要性。他开始专心钻研自己的本职业务，于是很快熟练掌握了会计的实务技能，深得老板赏识。在工作不到两年的时间里，他又通过自己的努力考取了国际注册会计师的认证。现在他正在一家注册会计师事务所担任主管。

　　一个人能够在工作中创造出怎样的成绩，关键不在于这个人的能力是否卓越，也不在于外界的环境是否优越，而在于他是否竭尽了全力。一个人只要竭尽全力，即使他所从事的是简单而平凡的工作，即使他的能力并不突出，即使外界条件并不有利，他也能在工作中创造出骄人的成绩。

　　有些人确实抱有"我不靠前也不落后，差不多就行了"的想法，因此总是他们处于中游，不能完美地完成任务。高效能的员工之所以高效能，就在于他们无论做什么工作都会尽自己最大的努力，力争把工作做到最好。

　　杰克·韦尔奇说："干事业实际上并不依靠过人的智慧，关键在于你能否全心投入、不怕辛苦。实际上，经营一家企业不是一项脑力工作，而是体力工作。"

　　每个人的成功都要付出努力和汗水，做一天和尚撞一天钟，这种工作态度永远也不会得到加薪升职。把升职加薪的愿望变成行动，我们才真的有可能实现这个愿望。

导师◐训练营

怎么努力才能被老板看见？

第一招，工作成果是第一位的。老板看的是工作成果，如果工作成果没有，再怎么努力也是枉然。

第二招，加班但不要频率过繁。加班，最好进行有价值的加班，对于那些时间紧迫的任务可以加加班，对于那些即使加班也完不成的工作，加班会容易让人觉得没效率。

为什么要优秀呢？怎样才算优秀呢？因为只有足够优秀，才能过上自己想要的生活。不要以为优秀是很难做到的，优秀不是跟他人比较，而是自己跟自己比，自己在成长，就是在走向优秀的路上。优秀的人知道自己是谁，知道对自己负责，知道力争上游，知道追求优秀比优秀本身更重要。

PART7

奋发的声音

让自己再优秀一点儿

为自己命名

叶莺，这个谜一样的女子是"98协议"、柯乐合资项目的灵魂人物，被誉为"柯达女神"。她独立自主，能够精准地找到自己的位置，令人过目不忘。2009年，生性自由的她离开柯达，加盟纳尔科公司，担任全球副总裁兼大中华区主席，开始了一段新的旅程。

幸福好声音　认清自己，发挥优势

　　说到叶莺，她有一个响亮的头衔，即"柯达女神"。这个谜一样的女子，有着普通人难以企及的精彩人生。当我们走到她的身边仔细端详这个流光溢彩的人物时，我们发现，叶莺和我们一样，有着普通人的性情，不同的是，她比我们更明白自己是谁，知道自己要什么，她活着是有标记的。当我们直视叶莺时，便会强烈地感应到叶莺身上散发出来的"我"的意识。她说："我认为对我来讲最重要的就是永远不要忘记我是叶莺，不管这个人是好还是不好，我已经来到了这个世界，这一切都是不能否认的。"

　　我们把叶莺的话细细掂量了一下，某一刻突然为这种强烈的自我意识所震撼。很多时候，我们无法看清自己，认识不到"我"的重要。我们是一个存在，是真真正正来到世上走过一段风景的人，我们是重要的，不管我们以何种姿态来到世上，也不管我们将以何种姿态生存下去，我们既然已经来到这个世界，就要证明自己曾经存在过。

"我是谁？"

"我是我！"

没有任何人可以代替，我们必须认识到自己的与众不同，必须认识到自己存在的价值，也必须知道自己的重要性。

有时候我们很难看清楚自己，经常因为外在的东西过于强大而忽视自己的能力和价值。而实际上，我们的能力和价值远远超过我们的想象。**我们认为自己不能做的事情，却往往能做得很出色；我们认为别人不喜欢自己，实际上是我们自己不喜欢自己；我们觉得自己不被重视，实际上是我们自己对自己不够重视**……有时候，我们不够重视自己，所以会觉得自己不优秀，实际上，我们并不比任何人差，甚至比其他人还要优秀。只是我们从没想过要给自己命名，给自己留下一个印记。

当我们重视自己时，就会关注自己的心灵成长，关注自己的生存质量，重视自己内在的提升。因而，我们也能在生活中寻到自己的一方天地。

叶莺是个很重视自己的人，她总能清晰地知道自己的价值，知道自己要什么，知道把自己放在哪里才是最恰当的，也知道自己的优点在哪里。

叶莺大学毕业后，进入自己向往已久的美国ABC广播公司，成为一名政治新闻和要闻的记者。叶莺知道要在ABC公司争得一席之地，并不是容易的事情，所以她拿出高于同龄人几倍的热情和勇气来面对工作。因而，取得了良好的成绩。

当记者的时候，叶莺发现外交官的工作更符合自己的个性和抱负，于是果断地放弃了记者这个工作，进入美国国务院做外交官。最早被派往缅甸，之后不久到了香港，再之后到了新加坡，她成为美国政府第一位被任命为公使衔商务参赞的女性。

1994年，柯达正陷入空前的灾难之中，它在欧美市场屡屡受挫，节节败退，身上债务超过100亿美元。叶莺觉得这是一个很好展现自己才能的机会，经过一番慎重思考，叶莺觉得自己有能力帮助柯达扭转这个局面，于是在1997年元旦正式加盟柯达，担任柯达大中华区副总裁兼副总经理，在柯达叶莺一样出色地执行着她的使命。

知道自己是谁，知道自己位置的人始终都能很好地把握自己的命运，也能很好地诠释自己。叶莺就是这样的人，她重视自己，重视自己的内在修为，也重视自己的价值实现，所以她拥有了别样的人生。

不要忘记自己是谁，在面临诱惑、选择、困境时，始终知道自己是谁，知道自己的个性和位置，关注自己内心的需求，只有这样才能得到自己想要的东西，让自己有幸福感。

导师训练营　怎样认识自己？

第一招，认识自己的优势。每个人都有优点，我们只要发现自己的优点，利用自己的优点，那么我们就会有所收获。

第二招，了解自己的个性。知道自己的个性，明白自己适合做什么，就能找到自己的路。

尽最大努力把事情做到最好

▶【导师履历】

徐静蕾，曾经的她被誉为中国演艺界四小花旦之一，笑容甜美、人淡如菊的她是知性美的代表。进入演艺圈并不是她最初的梦想，但一旦进来了，她便决定做到最好。有些路既然选择了，就要踏踏实实、认认真真地走下去，在过程中充实自己。这也是她能够在多部影片中获得好评的重要原因。

幸福好声音　好的态度才能换来好的结果

徐静蕾绝对不是一个小家碧玉，外表温顺甜美的她，骨子里有着男人的狂放和爽直。她拍过很多电影，甚至自导自演，将自己对生活的理解和关注融入电影中，尽力使自己的人生过得充实饱满。如果我们去亲近她，感受她的活力，那么她一定不会让我们失望，她总是精力充沛，笑容满面，在接受记者采访时，她曾这样说道："说我有野心，我肯定有，但我不愿把自己描绘成一个雄心勃勃的人。但是，要成功就必须尽你最大努力，除此别无他路。"

于是，我们明白了徐静蕾的能量来自哪里。工作、学习、恋爱、创业等，没有一件事可以马虎过关，如果我们没有一个把事情做好的态度，那么我们也不会得到一个令自己满意的结果。

有时候，我们会觉得自己并不出色，实际上，我们没有用心去做某件事，如果用百分百的热情去做一件事，那么我们就会知道自己有多能干，有

多优秀。有时候，我们会觉得自己已经很优秀了，做什么事都能游刃有余，不费什么力气，但只要我们再肯努一把力，我们就会知道，我们还会做得更好。

人活一世，草木一秋，谁不想在世上活得充实，活得满足，只要我们尽力做好手上的事情，结果就不会让自己失望，即使我们尽了最大的努力也没有把事情做好，那么，我们也不会责怪自己，不会遗憾。

张然工作已经五年了，虽然现如今早已不算是职场新人了，可是在张然的身上还有着刚入职场时的那股热情和冲劲。

工作五年来，不能说没有遇到过消极、懈怠的时候，可每一次张然都能很好地调整自己，让自己在短暂的休整、调适之后，又信心百倍、热情不减地投入到工作之中。

当有人问张然为什么能如此长时间地保持热情，一直都有百倍的工作激情和动力时，张然说："我从来没有把工作当成是可以维持生活的工作，从来不是为了工作而工作。工作所带来的收益，仅仅是我的劳动所得和别人对我的认可，并不是我的全部。我把工作当成是我自己的事业来经营，绝对不允许我的事业出现一点问题。既然我是在经营自己的事业，那么就一定会全力以赴地投入自己全部的热情和心血，又怎么会怠慢，或者是不认真、不负责呢？那样不就是自己在害自己，在浪费生命吗？"

如果你不仅仅为了工作而工作，而是为了理想、更好的发展和自己所要建立的事业而工作，那么你自然就会从内心深处获得源源不竭的动力，让你有热情、有干劲，将每一次工作都当成是第一份工作那样去认真地对待。

若不倾情投入，就不会有恒久的成功。加拿大一位著名的田径教练曾经说过："不管是不是从事竞赛的人，大多数都是不愿意付出太多的吝啬鬼。

他们经常都会有所保留，因为他们不愿将自己百分之百地投入比赛之中，所以也不能将自己的潜力完全地发挥出来。"

成功者都相信热忱的力量，如果要挑出一个与成功密不可分的信念，那就是完全的投入。**各行各业中的佼佼者，不一定都是最优秀、最聪明、最敏捷、最健壮的，但绝对都是最投入的。**

导师训练营　　　　　　怎样把事情做到最好？

第一招，比别人多花一些心思。比别人多花一些心思在所做的事情上，用心去做，就会有所收获。

第二招，多角度、多方位思考。站在不同的角度去衡量和考虑问题，拿出一个较为平衡各方利益的方案。

让自己每天都在成长

【导师履历】

庄淑芬，作为一名资深的广告人可能很多人都想不到，她居然毕业于台湾东海大学历史系。理想远大的她一步一步朝着自己的选择前行。最后，她做到了，成为奥美中国整合行销传播集团首席执行长，奥美广告中国区总裁。

幸福好声音　不要放过每一个让自己成长的机会

　　智慧与美貌并重、时尚与传统相容的庄淑芬是奥美中国整合行销传播集团首席执行长，奥美广告中国区总裁。她如一个精灵一样，在广告界大放异彩。镜头前的她，满脸笑容地面对我们，在被问及自己的成长经历时，庄淑芬充满骄傲和自信地说："我觉得自己一直在成长，好像每天都有新东西，每天都觉得来不及、赶不上。那种驱动让我一直往前。"说这句话时，她眼神里透着一丝坚定。

　　如果我们每天起床都会见识一件有趣的事情，都会碰见一个想要去了解的事物，那么我们会不会每天都过得充实而有意义呢？会的，每个人心里多多少少都会有好奇之心，都会有求知的欲望，如果我们能在每一天的生活中找到一个自己未曾了解或正在了解的事情，那么，我们就会热情高涨地投入到这个生活中去，这样，我们就会学到新的东西。

　　人生就是这样，每一段经历，每一个点滴都有值得我们学习的地方，如果我们经常有一种来不及、赶不上的感觉，那么我们就会督促自己，让自己

尽量多学一些，多成长一些。

这个成长当然不光是指知识上的成长，也有情感控制上的增长，处理问题能力上的增长等。我们每一天花去一部分时间去学习自己所接触到的事物，知识就会在无形中增长，情商也会在逐步增长，应对和处理事情的能力也会在无形中得到提高。所以，我们不要放过每一个让自己成长的机会。把每一天当作一个新的开始。只要有这种心态，我们就会觉得生活是有奔头的，是有意思的。

每天只要成长一点点，我们就没有白过这一天；每天只要成长一点点，就会积累成大智慧；每天只要成长一点点，我们将会成长为参天大树。

很多人的生活是片段式的，有时候，心血来潮就会把一天当作两天来用，不高兴了、累了、厌倦了，就会一天到晚睡觉、玩耍。如果我们每一天都有一点儿进步意识，每天都有一点儿成长的观念，那么，我们也就知道怎样来平衡自己的时间，怎样让自己既不累，也不无聊地生活了。

宋朝著名诗人杨万里，知识渊博，非常有才华，所写的诗广为流传，但他为人低调，一直觉得自己才疏学浅，所以总是刻苦学习。

江西有个名士自认为知识渊博，才华出众，天下无人能及，他听说杨万里很有名气，非常不服，决定给杨万里写一封信，信上说，要到杨万里的家乡吉水去拜见他。杨万里听说这个人一贯自负，就给他回了一封信，说，我随时欢迎你来，冒昧地提个要求，听说您的家乡特产配盐幽菽非常有名，我想尝尝滋味，请您顺便带过来一些怎么样？

江西名士拆开信件一看就愣住了，配盐幽菽？这是什么？自己从来都没听说过。他平日里自大惯了，又不好意思请教别人。于是他便到街上到处找，但找了很久都没有找到。最后，他实在找不到了，只好空着手到吉水。

见到杨万里，寒暄了两句之后便问："你信中提到的配盐幽菽是不是卖的地方比较偏远，我找了很久都没有找到啊！"

杨万里听后哈哈大笑，对名士说："你们那里家家户户都有呢！"说着，他随手从书架上取出了一本《韵略》，翻开当中的一页，名士拿过书一看，上面明明白白地写着："豉，配盐幽菽也。"

名士这才明白，原来所谓的配盐幽菽就是家里日常食用的豆豉啊！豆豉是用黄豆或黑豆泡透、煮熟后，再发酵后的食品，然后再配上盐，这道家常小菜的别名就叫配盐幽菽。

名士看了非常惭愧，他明白自己平日里太少读书，太少注意自己的成长了。从此以后，他便潜心学习，每一天都不间断，终于成了饱学之士。

每一天成长一点点，就会不断扩充自己的知识量，就会知道自己知道的并不多，就会明白，我们的成长空间有多大。每天成长一点点，我们才会让日子过得踏实而富足。

导师训练营　怎样使自己每天都有进步？

第一招，每天坚持读一点书。不管多少，每天坚持读一点书，若非文艺青年，不要过多地读小说，读多一些理财、管理、励志、生活类书籍。

第二招，认真做好自己每天的工作。在工作中认真吸取经验和教训，从而提升自己的能力。

为自己的人生负责

▶【导师履历】

陈鲁豫，她是当今中国媒体界最具影响力的女主持人之一，成功主持了凤凰卫视的《鲁豫有约》，取得了多方面的成就，被媒体称为"东方奥普拉"。她是一个对工作认真负责的人，甚至是个工作狂。当一个优秀的主持人是她从小的梦想，为了这个梦想，她对自己的人生负责，不退缩，不放弃，一步一步走了下去。

> **幸福**
> **好声音**　　**对自己的人生负责，努力做到最好**

　　陈鲁豫，中国当红节目主持人。这位曾远赴异国坚守梦想的简单女人，用自己最为真挚的情感和最为坦诚的态度赢得了观众的喜爱。面对她的观众，她从来不刻意掩饰自己的情绪，她把原生态的自己真实地呈现在观众和嘉宾面前，让他们感到是在进行面对面的私人交流，毫无束缚和压力。

　　谈到她的成功，陈鲁豫轻笑道："**在必要的时候，我可以成为工作狂，但是我其实不喜欢成为工作狂，没有人愿意成为工作狂。为了梦想，我们要对自己的人生负责，要努力做到最好。**"

　　每个人来到世上都有自己的责任，有些责任是外界赋予的，而有些是需要自己主动担负的。不管什么责任，说到底都是要为自己负责。有人生在富贵人家，但却成了一贫如洗的败家子；有些人生于书香门第，却不懂礼貌；有些人出身寒门，却成就了一番事业。每个人的结局都跟自己是否对自己负责有莫大的关系，也许我们在某一天会遭受重大的挫折，也许会一时消沉，也许会暂时软弱，也许会灰心丧气……但只要我们抱着对自己负责的态度去面对生活中的挫折和困顿，那么我们就能让自己振作起来。

对自己负责是一种人生态度，也是一种生活态度，能够对自己负责的人，一定会以积极的心态去生活，会通过自己的努力改变生活的现状；对自己负责的人，一定不会在失败里沉沦，一定不会拿着自己的人格、尊严、命运作赌注，去满足自己内心的欲望；对自己负责的人，一定会捍卫自己的信誉，遵守自己的诺言；对自己负责的人，一定不会轻易作践自己来取悦他人……

对自己负责，实际上是对自己的生活负责，对自己的人生负责。只有对自己负责的人才能得到人们的认可和尊重，才能过好自己的生活。

美国有一位心理医生到一个中国友人家里做客，主人有个两岁的小孩儿在客厅里跑动，结果一不小心被椅子绊倒了。孩子立马大哭起来，孩子的妈妈赶紧跑过去抱起小孩儿，而后一边拍打椅子，一边说："宝宝不哭，妈妈打这个坏椅子，妈妈帮你打它！"孩子在妈妈打完椅子后破涕为笑。

心理学家看到这种情景后，很不解，对这位妈妈说："孩子摔倒了跟椅子有什么关系呢？如果有，也是孩子不小心绊在椅子上，摔倒是他自己造成的结果，这并不是椅子的错啊！我们应该让孩子知道，如果他自己做错了事，就要由他自己来负责，这样，长大之后他才会慢慢懂得，怎样对自己负责，如何避免自己受到伤害。"

我曾经在一本杂志上阅读过一篇文章，内容是关于如何教导子女养成对金钱负责的态度的。这篇文章给我留下了深刻的印象。下面就是文章中所载的方法：作者库特从银行取得一本特别储金簿，送给她九岁的女儿。每次女儿在得到每周的零花钱的时候，就把钱存进那本储金簿中，母亲则充当银行的角色。在那个星期内，女儿每使用一分钱，都要从账簿中提取，然后把余款详细地记录下来。母亲用这种方法让女儿学会了如何处理金钱，我认为这是一个很好的办法。如果你是一位未成年子女的父母，你不妨用上述方法，培养他们对金钱负责的态度，这对他们来说是非常有益的。

要走好自己的人生之路，就要学会自己对自己负责，这个世界上，没有任何一个人能够真真正正地帮助你安排好一切，即使天生好命，凡事有人代劳，如果不对自己负责，也会因为自己的行为而失去已经得到的。

导师训练营　　怎样对自己负责？

第一招，走自己的路，坚持内心的主张。对自己负责，就是要坚持走自己的路，不因为一时的挫败而改变自己的初衷。

第二招，懂得承担。对于自己做过的事，不管是对还是错，都要懂得承担责任，只有这样我们才能得到别人的信任和尊重。

人生不设限

▶【导师履历】

李亦非，1964年生于北京，1977年获全国武术青少年组冠军，曾经在纽约联合国总部负责制作电视广播节目并担任主播，任职于纽约市专业律师事务所，是美国博雅公关公司中国区董事总经理，美国维亚康姆公司大中华区总经理及执行副总裁。2009年8月，她担任全球最大广告与传播公司之一阳狮集团大中华区主席。

幸福好声音 —— 心有多大，舞台就有多大

　　李亦非习惯坐在自己家里那个宽大客厅的壁炉前，看着壁炉里温暖的火焰，摆上一杯红酒，摊开一本书静静地享受闲暇时光，像个十足的小女人。如果我们不知道她是阳狮集团大中华区主席，那么我们准猜不到她是当代的商界名流。

　　李亦非是个家庭、事业两不耽误的人，她能很好地将两者兼容起来，成为一个极品的幸福女人。与她对谈，我们会发现，她浑身上下散发着活力，她似乎永远不知道疲倦，永远孜孜以求。她会语气饱满而又和缓地对我们说："我是永远拥抱未来的人！算算人生，如果你活到85岁，现在才活了一半。我在年轻的时候就取得了辉煌成绩，但是我未来的辉煌可能还会超越那个呢。如果你觉得人生到顶级了，那你怎么突破呀！"

　　我们一拍大腿，猛然醒悟，可不是嘛！以前总是认为：人一旦取得了顶级的成绩后，无论怎么走都是下坡路，怎么都无法再超越自己了。但是我们

忘了，我们以前的顶级，并非真正的顶级，我们看似的辉煌也并非到达了极致。人生，本来就无极限，为何要人为给自己设限？所谓的顶级都是人们定的标准，没谁规定我们不能有新的进展和突破。我们不可轻视自己的力量，也不可天真地认为，我们已经取得了自己和别人再无法企及的辉煌。

心有多大未来的成就就有多大，我们对未来抱有更高的期望，就会为此努力。如果我们自己都认为自己难以突破自我了，又怎么会去努力创造更大的辉煌呢？

世界上最愚蠢的事情莫过于给自己限定高度，因为人生的高度我们无法得知，在起跳之前就给自己定一个不算太高的高度，这不是务实，而是白白浪费了自己的才华与天赋。怀疑论者不仅怀疑别人，还怀疑自己。在他们的字典里第一个词汇是"不可能"，这倒也说不上是什么不自信，只是他们思考问题时充满疑虑。他们总是怀疑自己能否做到，也怀疑最坏的结果属于自己，因此他们不会给自己的人生设定很高的高度。其实，人蕴藏的潜能的力量之大恐怕连我们自己都不敢相信。

余秋雨曾说："人生的追求，情感的冲撞，进取的热情，可以隐匿却不可以贫乏，可以浑然却不可以清淡。"人的追求在哪儿，他的人生也就在哪儿，一旦在心里为自己预设一个追求的高度，你的人生就会受影响。不可否认，每个人都有懒惰的情绪，但更糟糕的是偷懒还找借口。

科学家做过这样一个实验：

往一个玻璃杯里放一只跳蚤，跳蚤立即轻易地跳了出来。再重复几遍，结果还是一样。原来跳蚤跳的高度一般可达它身体高度的400倍左右。接下来，科学家再次把这只跳蚤放进杯子里，不过这次在杯上加了一个玻璃盖，"嘭"的一声，跳蚤重重地撞在玻璃盖上。跳蚤十分困惑，但是它不会停下来，因为跳蚤的生活方式就是"跳"。一次次被撞，跳蚤开始变得聪明起来了，它开始根据盖子的高度来调整自己跳的高度，再过一阵子，这只跳蚤再也没有撞击到这个盖子，而是在盖子下面自由地跳动。

后来，科学家把这个盖子轻轻拿掉了，可跳蚤还是在杯盖以下的高度跳跃。三天以后，他发现这只跳蚤还在那里跳。一周以后，这只可怜的跳蚤还在玻璃杯里不停地跳着，其实它已经无法跳出这个玻璃杯了。

生活中，有许多人也在过着这样的"跳蚤人生"，年轻时意气风发，试图闯荡，但是事与愿违，屡屡失败。几次失败以后，他们便开始抱怨这个世界的不公平，或者怀疑自己的能力，不再千方百计追求成功，而是一再降低成功的标准，即使原有的一切限制障碍已取消，也不再向往跳上新的高度了。人们往往因为追求成功而不得，就自我设限，甘愿忍受失败者的生活。难道跳蚤真的不能跳出这个杯子吗？绝对不是。只是它的心里已经默认了这个杯子的高度是自己无法逾越的。**一个人追求的高度决定了他人生的高度，如果他为自己画定了界线，那么他将永远无法超越这个高度。**

曾经有一家跨国企业在招聘中出了这么一道题：

"就你目前的水平，你认为10年后，自己的月薪应该是多少？你理想的月薪应该是多少？"结果，那些回答数目奇高的应聘者全部被录用了。其后考官解释说："一个人认为自己10年后的月薪竟然和现在差不多或者高不出多少，这首先说明他（她）对自己的学习能力、前进的步伐有所怀疑，他（她）害怕自己超越不了现在的水平，甚至干得还不如现在好。这种人在工作中往往没什么激情，容易自我设限，做一天和尚撞一天钟。他（她）对自己的未来都没有信心，我们又怎能对他（她）有信心？"

那些不敢提出高要求的人被自己所画的那条线困住了，行动、激情和潜能便被扼杀了。因为自我设限的观念带给人的是既对失败惶恐不安，又对失败习以为常，从而丧失了信心和勇气，渐渐变得懦弱、狐疑、狭隘、自卑、孤僻、害怕承担责任、不思进取、不敢拼搏。这将使人永远叩不开成功的大门，因为他们的心里已默认了一个"高度"，这个高度常常暗示自己：成功是不可能的，这是没有办法做到的。

导师训练营

怎样才能不对自己设限？

第一招，坚信自己还能有更好的发展。不要觉得自己就这么大的能力了，如果我们认为自己可以更好，那么就一定会比现在好。

第二招，敢想就要敢做。想法不要只停留在想上，经过考虑之后要将它付诸行动。

将自信散发出来

▌【导师履历】

闾丘露薇，凭着对媒体行业的喜爱，她成为了一名著名的电视记者，供职于凤凰卫视。自信满满的她，在2003年伊拉克战争中勇敢地在巴格达地区进行现场报道，获得中国观众极大关注，被誉为"战地玫瑰"。

幸福好声音 | 自信，能让你一步步走向成功

说实话，闾丘露薇并不漂亮，但她身上却散发着一种其他女子所没有的魅力。她勇敢、自信、勤奋、独立、自强，有一般女人难有的锐利和锋芒，简单说，就是不怕死的精神。闾丘露薇有这种精神是因为她的自信，而她的自信来源于她丰富的人生积累。

与闾丘露薇对话，她会以一贯专注的神情，半微笑半严肃地告诉我们她所体悟到的生活，她对我们说："有了足够的积累，人会变得自信起来，真正的自信不是表现给别人看的，而是无意识中散发出来的。"

人都希望自己在别人面前能表现得自信一点，从容一点，但真实的自信却不是表现出来的，它是在我们举手投足间流露出来的。自信，与我们是否在意自己呈现出自信无关，而与我们内在的积累有关。人说，"腹有诗书气自华"。我们可以说，一个人的内心有了足够的积累，自信也就自然而然地散发出来。所以，一个人要变得有自信，要从自己的内在积累入手。

闾丘露薇就是因为自身的积累才变得自信、大方的。闾丘露薇四岁时

父母离异，之后，与奶奶一起生活。上大学时，因为家境困难自己打工挣学费，之前的她是自卑的，但大学生活让她改变了很多，她变得开朗起来，这得益于她成绩的优秀。之后，她帮母亲打理生意，母亲生意失败后，她自己卖汽水为生。之后，苦学英语和会计知识，进入会计师事务所工作。随着知识的增长，阅历的增加，她的自信也一点点地散发了出来。

后来的闾丘露薇来到香港，在这里她重拾记者梦，恶补传播学知识，最后终于在凤凰卫视站住了脚，成为中国观众极其关注的"战地玫瑰"。用闾丘露薇的话说，她的自信来自积累。是的，没有不断的学习和深造，没有丰富的阅历是无法使人真正自信起来的。**盲目的自信是自负，真正的自信是由内向外溢出来的，它用不着刻意表现。**

美国作家爱默生说："自信是成功的第一秘诀。"如果你对自己都没有信心的话，那么别人也不会对你有信心。相信自己是最优秀的，相信自己有获得成功和良好机遇的能力，并积极地将事情做好，你就离成功不远了。

有一种动物叫大黄蜂，它的身体肥大笨重，翅膀十分短小。生物学家根据空气动力学原理，经过仔细计算后得出结论：由于自身条件限制，大黄蜂是不可能飞起来的。但令人不解的是，事实却与专家的研究结果相悖：大黄蜂不仅能飞，而且飞行速度远远超过一般的蜜蜂。这究竟是什么原因呢？其实很简单，那就是大黄蜂根本不知道自己不会飞。也就是说，大黄蜂相信自己是可以飞的，而且会飞得很快。

这就是自信的力量。**自信是一个成功者最重要的心理素质之一，但它并不一定是与生俱来的。每一个人在生活的磨砺中、在事业的摸爬滚打中逐渐学会相信自己，建立起了自信。**这样积累起来的自信才是有根基的，才能在任何时刻支撑我们走下去。

美国著名心理学家基恩，小时候经历过一件让他终生难忘的事情。正是这件事使基恩从自卑走向了自信，也正是自信，使他一步步地走向了成功。由此可见，自信是一种多么重要的成功要素。

一次，他躲在公园的角落里偷偷地看着几个白人小孩在快乐地玩耍。他十分羡慕他们，也很想与他们一块玩，但他不敢。因为他心里自卑地认为自己是一个黑人小孩，不配与白人小孩玩耍。

这时，一位卖气球的老人举着一大把气球进了公园。白人孩子们一窝蜂地跑了过去，每人买了一个气球，然后高高兴兴地把气球放飞到了空中。

白人小孩放飞气球离开以后，年幼的基恩才胆怯地走到卖气球的老人面前，低声请求说："您可以卖一个气球给我吗？"老人慈祥地说："当然，你要什么颜色的呢？"这时，基恩鼓起勇气说："我要一个黑色的。"老人便给了他一个黑色的气球。基恩接过气球，小手一松，黑气球就慢慢地升上了天空……老人一边眯着眼睛看着气球上升，一边用手轻轻地抚摸着基恩的头说："孩子，记住，气球能升起来，不是因为颜色和形状，而是气球内充满了氢气。一个人的成败也是这样的，种族和出身都不是问题，关键是内心有没有高飞的自信。"

有没有自信，除了外在环境的影响，更主要的还在于每个人自身是否养成了自我肯定与积极暗示的良好习惯。从心理学角度来说，进行积极的暗示是肯定自我最为主要的途径。

每当做一件事或说一段话时，无论事的大小、话的长短，你都要告诉自己："这件事我做得很好"，"这句话我说得很得体"。这种习惯持续一段时间之后，你就会在某个瞬间忽然发现自己有重大的变化和突破了，因为那时你已经完全可以自信地面对人生了。

　　自信有多高，成就就有多大，成就的高度从来就不会超过自信的高度。无论做什么事，都要有坚定不移的自信心。只有自己相信自己，才能克服各种难关。

怎样让自己自信起来？

导师训练营

　　第一招，表达意见、说明想法时，都用肯定性的词语，比如，"我认为""情况就是这样""当然"，等等。

　　第二招，关注自己的优点。在纸上列出自己的优点，经常拿出来阅读或朗诵，这样会给内心正面的、积极的暗示。

　　第三招，与自信的人多接触。人是很容易被他人感染的，多和自信的人在一起，自然会学到怎样自信面对生活的方法。

不做事人生就没有价值

【导师履历】

胡舒立，1953年生于北京，1978年考入中国人民大学新闻系，2009年11月辞去《财经》杂志主编，担任中山大学传播与设计学院院长。现任财新传媒总发行人兼总编辑、《新世纪》周刊总编辑、《中国改革》杂志执行总编辑。

幸福好声音　把工作当作一种乐趣

胡舒立是个事业型的女强人，她常常叼着烟卷，语速惊人地跟各类人打交道。如果我们在她身边待上十几分钟，就会明显感受到这个女人活力四射，她似乎就没有消停的时候，整天脚不沾地地走来走去，仿佛总有忙不完的事情等她去做。如果我们能把她拉住，与她详细聊聊人生，聊聊人活着的价值，她会毫不犹豫地对我们说："只有生活而没有工作，人生就没有价值。以工作为快乐，以事业为依托，事业的成功和社会的肯定充实了个人生活。我没有孤寂，无须慰藉，有的只是加倍努力和一往无前。"

听她这么一说，我们一定会觉得，只有女强人才会说出来这种话。事实上，我们静下心来仔细思考，这话并非只适用在女强人身上，它适合我们所有人。假设，我们将工作剥离出去，那么生活还剩什么呢？会不会感觉有些空洞？毕竟人是社会性动物，需要得到别人的认可和尊重。而要得到别人的真心认可和尊重，就要通过做事来实现。

工作，或者说做事情，是每个人实现自我价值的途径。很多人把工作作为赚钱、养家糊口的工具，实际上，工作赋予我们的意义远不止这些，工作让我们有存在感，让我们的社会价值得以实现，让我们获得物质和精神上的满足。为什么很多人工作不快乐？因为他们不觉得工作是快乐的事情，不觉得工作可以实现自我价值，或者他们认为自己的工作无法实现自我价值。所以，他们会苦闷，会彷徨，会这山望着那山高。

在人的一生中，工作时间占了我们整个生命的三分之一，如果你在工作中感受不到快乐，那么你的人生真的就会失去很多乐趣。把工作当作一种创造性活动，看作一种自我满足的艺术创作，全身心地投入，任何人都能从中获得快乐。只有为了爱而做事时才是自由的，尽管它会带来许多痛苦。因此，为了爱而工作在行动上是自由的，这正是《薄伽梵歌》所教导的要无私工作的含义。

在美国西雅图有个很特殊的鱼市，在那里买鱼实在是一种享受。那里的鱼贩们充满了欢声笑语，他们面带笑容，像合作无间的棒球队员，让冰冻的鱼像棒球一样，在空中飞来飞去。

有人问鱼贩们为什么那么快乐，鱼贩们告诉他："其实，几年前这个鱼市是个最没有生气的地方，因为大家整天都在抱怨。直到后来，大家一致认为与其每天抱怨沉重的工作，不如改变工作的品质。

于是，他们开始试着把卖鱼当成一种艺术。从此以后，一个创意接着一个创意，一串笑声接着一串笑声，他们的鱼市成了附近生意最好最热闹的地方。这种工作氛围甚至吸引了附近的上班族，他们常到这儿来和鱼贩们一块用餐，感受他们乐于工作的好心情。

享受与工作，从本质上讲是一致的。对一个真正热爱自己工作的人来说，享受和工作是完美地融合在一起的。

微软总部的办公楼里有一位清洁女工，在整个办公楼几百个雇员里，她是唯一一个没有任何学历、工作量最大、拿薪水最少的人，可她是整个办公楼里最快乐的人。

　　每一天，甚至是每一分钟，她都在快乐地工作着，对任何人都面带微笑。对任何人的要求，即使不是自己工作范围之内的，她都会愉快并努力地跑去帮忙。

　　热情是可以传递的，周围的同事很快被她感染，有很多人和她成了好朋友，甚至包括那些被公认为冷漠的人。没有人在意她的工作性质和地位。

　　她的热情就像一团火焰，整个办公楼都在她的影响下快乐了起来。

　　比尔·盖茨很惊异，就忍不住问她："能告诉我，是什么让你如此开心地面对每一天呢？"

　　"因为我在为世界上最伟大的企业工作！"女清洁工自豪地说，"我没有什么知识，我感激公司能给我这份工作，可以让我有不错的收入，足够支持我的女儿读完大学。而我对这美好的现实唯一可以回报的，就是尽一切力量把工作做好。一想到这些我就非常开心。"

　　比尔·盖茨被女清洁工那种感恩的情绪深深打动了，他说："那么，你有没有兴趣成为我们当中正式的一员呢？我想你是微软最需要的人。"

　　"当然，那可是我最大的梦想啊！"女清洁工惊讶地说道。

　　此后，女清洁工开始用工作的闲暇时间学习计算机知识，而公司里的所有人都乐意帮她。几个月后，她成了微软的一名正式雇员。

　　古希腊人伊索曾说过："工作对于人来说是一种享受。""假使你要获得知识,你该下苦功;你要得到食物,你该下苦功;你要得到快乐,你也该下苦功。因为辛苦是获得一切的定律。"科学家牛顿的告诫话语,反映了深刻的人生哲理和工作内涵,也诠释了他整个的人生追求,反映了他一生把工作当享受的崇高精神面貌。

导师
训练营　　**怎样才能把工作当成生活的一部分?**

第一招,以工作为乐。参加工作,在工作中体会成长的快乐。

第二招,把工作当成一个习惯。每天上班、下班,做事情,把它纳入生活的轨迹,当成生活中不可缺少的一部分。

成熟很重要，一个不成熟的人固然单纯、可爱，但也很难适应周遭的沉浮琐碎，我们要让自己尽快地成熟起来，只有成熟的人才能饱尝生活的美，吸收生活中的营养，才能游刃有余地面对生活。让自己尽快成熟起来，就是帮助自己更好地生活，更好地走自己的人生之路。

PART8

沉淀的声音

········ 让自己跟人生一起成熟起来 ········

有很多事都需要钱来解决

▶【导师履历】

李嘉诚，这位名副其实的亚洲首富，从白手起家到成为长江实业集团有限公司董事局主席兼总经理，他一路走来艰辛异常。在商场上摸爬滚打多年，他已经看穿太多东西，对人生也有了独特的理解和看法。

幸福 好声音　　每个人都要会管钱

　　现在提起李嘉诚，大概没有谁会不知道，这位慈眉善目、精瘦结实、豁达厚道的香港首富给大家留下了深刻的印象。与谦和、儒雅的李嘉诚谈话永远不用担心受到冷遇，不用怕话题谈完，不用拘束地像领受教诲的小学生，他不会大喊特喊口号，他只会用很简单易懂的话与我们分享他人生的体悟与智慧。我们都知道，判断一个人是否成熟也要看这个人对金钱的态度，对此，李嘉诚会真诚而不失理智地告诉我们："世界上并非每件事都可以用金钱解决，但确实很多事情是需要金钱才能解决的。"

　　因此每个人都要学会管理金钱。据《妇女家庭月刊》曾经做过的一份调查显示，人生70%的烦恼都与金钱有着直接的联系。盖乐普调查公司总裁乔治·盖乐普说，在他所做的调查测验中，大多数人都认为只要他们的收入增加10%，就不会再出现任何的财务困难。有很多事实证明了这一点是正确的，但是，也有更多的例子证明这一点是错误的。

　　理财专家艾尔茜·史普利顿夫人担任公司财务顾问很多年了，在这些年中，她曾以个人身份，帮助过许多为金钱所烦恼的人。

她指导过各种收入阶层的人，从一年赚一千美元的行李员到年薪十万美元的部门经理。她说："对许多人来说，多赚一点儿钱并不能解决他们的烦恼。事实上，收入增加之后，对消除烦恼并没有什么帮助，只是更增加了他们的烦恼——头痛的烦恼。多数人感到烦恼，并不是因为他们手中没有足够的钱，而是因为他们不知道怎样合理支配手中的钱。"

那么，我们该怎样管理自己的金钱呢？如何制订计划呢？下面是我给各位的5条建议。

1. 把花钱的事实记在纸上

我们只有知道自己错在哪里的时候，才能知道需要改正什么，否则我们无法进行任何改变。如果我们不知道哪些钱是必须要花的，哪些钱是没必要花的，那么节约就是一件毫无意义的事情了。因此，我们应该在一段时间内，记下自己的开销。比如，记录3个月看看。在我的邻居中有一对夫妻，在他们开始记录花费单子以后，他们很惊讶地发现他们每月买酒就要花掉七十美元。当然，他们俩并不是酒鬼，只不过是一对比较热情的夫妻，非常欢迎自己的朋友有空的时候就到家中喝一杯——这样的事一个月要发生好几次。

他们明白了这一点后，就作了一个明智的决定，他们不能再开免费酒吧了。于是，他们每个月的七十美元买酒钱就省了下来。

我们也应该像他们一样，应该先弄个本子来，把每天花的钱及其用途记录下来。当然不用记录一辈子，财务专家们建议，至少做3个月的记录，把花的每一分钱准确地记录下来。让我们知道钱都花到哪儿去了，然后我们就可依此做一份预算出来。

2. 做一份适合自己的预算

通过记录，你可以准确地算出你每一年的固定开销——房费、食物、水电费、保险费。然后计算出其他必要的开支——服装费、交通费、医药费、教育费等。

当然，拟订一份合适的预算并不是一件容易的事。一份计划的拟订需要家庭成员的合作、自制力和决心。我们不可能买下所有的东西，但我们可以决定什么东西是家庭最需要的，而哪些是可有可无的。你愿意为拥有舒适的家而放弃买昂贵的衣服吗？你会自己不买衣服而将节省下来的钱买一台电视机吗……这些决定都必须由你和你的家人共同来做。

有一点需要指出的是，预算的意义，并不是剥夺生活中的乐趣。它真正的意义在于物质安全感——在很多情形下，安全感就等于精神安全和不会忧虑。史普利顿夫人说："依据预算来生活的人，他们活得都比较快乐。"

3. 把每年收入的10%储蓄起来

在预算中必须有这样一项开支，至少把每年收入的10%存入银行，或者拿去投资。这样你可以储存一笔额外资金，用做特殊用途，譬如买房子或汽车等。

4. 学会聪明地花钱

如何使你花出去的金钱得到最高回报？这是每个人都应该学习的东西。就像大公司那些专门的采购人员一样，他们总是设法替公司买到最合理的东西，你也应该这样做。

5. 要学会宽恕自己

虽然我们不能改变我们的经济状况，但我们可以改变心理态度。你要知道，大部分人都会有财务烦恼的——林肯和华盛顿都还需要向别人借钱，才能起程前往首都就任总统。

虽然我们得不到我们想要的东西，但是也不要让忧虑和悔恨跑到我们的生活中来。让我们宽恕自己，心胸豁达一些。按照古希腊哲学家爱科林蒂塔的观点，哲学的精华就是："一个人生活中的快乐，应该来自尽可能减少对未来事物的依赖。"

古罗马政治学家塞尼加也说："如果你一直觉得不满，那么即使你拥有了整个世界，也会觉得伤心。"

导师训练营 怎样合理花钱?

　　第一招,每个月记账。每个月记账,在月末检查自己的账本,不必要的花费尽量减少。

　　第二招,购买一些可升值的金融产品。每个月强迫自己存一些钱,买一些金融产品,如果怕有风险就去买国债,最差也要在存银行一点钱。

不要太在意别人的看法

▶【导师履历】

韩寒， 他是一个作家，杂志主编，也被称作"意见领袖"。1999年出版首部长篇小说《三重门》，创国内畅销书纪录。2005年开通博客，迄今点击量超过5亿。2009年主编《独唱团》，销量突破两百万册，后被停刊。他还是一个职业赛车手，2003开始职业赛车生涯，共获六次全国顶级职业锦标赛年度总冠军，是中国唯——位拉力赛和场地赛双料年度冠军。2010年他被《时代周刊》评选为100名影响世界人物之一。

> **幸福** 📶
> **好声音**　　　　　　　　　　**做最好的自己**

　　文字犀利、一针见血的韩寒，是一个连高中都没有上完的叛逆少年。当年愤世嫉俗的他，拍拍屁股，不管天下已经为他的辍学闹得沸沸扬扬，甚至专门研究起所谓的"韩寒现象"，只身一人来到北京闯荡。处在舆论风口浪尖上的他，每一次发言，每一次调侃和嘲讽，都会在社会上激起千层浪。有人因为一些原因欣赏他，就有人因为同样的原因而讨厌他。那么多的质疑和谩骂，即便他是神人，恐怕也要一段时间来消化。他彷徨过、迷惑过、失望过、悲伤过，但最终他回给人们一句："生活是自己的，何必太在意别人的看法。"

　　这时候，我们才恍然大悟，以前是我们自己太过执著，太在意别人的目光了。我们不快乐，是因为我们"关注"别人多过了"关注"自身。

人说，众口难调，每个人都有自己的喜好和口味，世界上没有一道菜可以让人们都称赞。人亦是如此，世上没有一个人可以得到所有人的赞同。因为每个人的立场不同、个性不同、对事物的期待不同、对一个人评价的标准不同，这些导致了我们不可能受到每个人的欢迎。所以，不要期望所有的人都笑逐颜开地捧着鲜花来到我们面前，世上本就没有完美，一千个人眼中有一千个哈姆雷特。所以，做好自己才是最重要的，没必要过多地在意别人的看法。

　　一个人如果没有自己的思想，他就是奴隶。如果一个人总是按照别人的意见生活，没有独立思考，那么，说他不是他自己就一点儿也没有冤枉他。

　　宋朝苏东坡居士曾在江北瓜州地方任职，瓜州与江南金山寺只一江之隔，他和金山寺的住持佛印禅师经常谈禅论道。

　　一日，苏轼自觉修持有得，撰诗一首，派遣书童过江，送给佛印禅师，诗云："稽首天中天，毫光照大千；八风吹不动，端坐紫金莲。"八风是指人生所遇到的"嗔、讥、毁、誉、利、衰、苦、乐"八种境界，因其能侵扰人心情绪，故称之为风。

　　佛印禅师从书童手中接看之后，拿笔批了两个字，就叫书童带回去。苏东坡以为佛印禅师一定会赞赏自己修行参禅的境界，急忙打开批示，一看，只见上面写着"放屁"两个字，不禁火起，于是乘船过江找佛印禅师理论。

　　快到金山寺时，苏东坡发现佛印禅师早在岸边等候呢。苏东坡一上岸就气呼呼地说："禅师，我们是至交好友，我的诗、我的修行，你不赞赏也就罢了，怎可骂人呢？"

　　佛印禅师若无其事地说："骂你什么呀？"

　　苏东坡把批示递给佛印禅师看。

　　佛印禅师哈哈大笑说："言说'八风吹不动'，为何一屁打过江？"

　　苏东坡闻言惭愧不已。

　　一个人如果没有自己的思想，他就是奴隶。如果一个人总是按照别人的方式生活，没有独立思考，那么，说他不是他自己就一点儿也没有冤枉他。

　　要想做最好的自己，就必须真正从他人的眼光中走出来。丹麦哲学家齐克果曾经说过："人们的沮丧，通常是因为无法做自己；而一个人最深沉的失落，则是选择成为和自己完全不同的人。"

　　"智者不惑，勇者不惧，仁者无敌"，世界向每一个人都敞开着一扇门，坚定地走进自己的人生之门，做自己的最好，做最好的自己。

导师训练营　怎么才能不在乎别人的看法？

　　第一招，增强自己的自信心。相信自己的判断，听听别人的意见，但不盲从。

　　第二招，分散自己的注意力。有时候，我们的失误可能会被别人嘲笑，也可能会受到严厉的批评，这个时候不要太在意别人的看法，要在挫折中吸取教训。

明智的妥协是一种适当的交换

▶【导师履历】

任正非， 还是少年的他，是科学精神的追随者。中学毕业后，他在重庆建筑工程学院暖通专业学习，对科技表现出格外的兴趣。后来，他直接参军从事军事科技研发，克服重重难关后，终于创立了华为技术有限公司，成为华为技术有限公司总裁。

幸福 好声音

妥协并不意味着放弃原则

镜头前的任正非看起来有些单薄，眉头微皱，似乎有心事的样子。可我们一旦与他开始交谈，就会发现，这个不苟言笑的人远不是我们表面上看到的那样，他是一个有着大智慧的人。他对一个人成熟与否有着深刻的体会，他告诉我们："一个人成熟的标志之一就是懂得妥协。"

如果我们不明白，他会皱着眉头进一步向我们解释："其实，妥协并不意味着放弃原则，也不是一味地退让，明智的妥协是一种适当的交换。为了达到主要的目标，可以在次要的目标上作出适当的让步。这种妥协并不是完全放弃原则，而是以退为进，通过适当的交换来确保目标的实现。"

任正非的话鞭辟入里，一语击中要害。**妥协，是一门艺术，也是一门学问。一个真正掌握了妥协艺术的人，会在世上活得轻松潇洒。**

妥协也是一种处世哲学，它讲究求同存异，讲究和谐之美，它是为了顾全大局而放弃一部分利益或追求，它是一种柔性的坚持。

人的一生，总要面对一些冲突和挑战，一个人不可能得到自己全部想要的，忍痛割爱，适当地妥协，弯一下腰，可以省掉不少麻烦。

张之洞深谙妥协之道，他不仅善于委曲求全，还深刻理解了"小不忍则乱大谋"的道理。所以他常常为了达到自己的目的，不逞一时之强，而是委屈自己适应现实的需要，等到为自己打下了坚实的基础之后，再充分发挥自己的才能，来实现自己的理想，从而达到建功立业的目的。

他在与政敌打交道时，尤其如此。尽管他与李鸿章早有嫌隙，在政见上多有不合，也看不惯李鸿章一味地对外求和的为政方式，更看不起李鸿章不顾全大局，始终维护自己淮军的局部利益的做法。但他同时也明白，李鸿章始终不服自己，多次在人前指责自己好大喜功。他认为李鸿章毕竟位高权重，自己如果一味地同他僵持下去，两个人之间就会由嫌隙转化为冲突，那样对自己的前程将极为不利。

于是他决定在不牵扯到重大问题的前提下，对李鸿章虚与委蛇，尽量不贸然得罪他。所以他在李鸿章母亲八十寿辰时就送去过寿文，李鸿章本人七十寿辰时，他更是三天没有休息，写了一篇洋洋洒洒的寿文送给李鸿章。在寿文中，张之洞极尽能事地推崇李鸿章，赞扬李鸿章文武兼备，统领千军万马，还赞美李鸿章德高望重、勤于国事，美好的品性深得天下人的敬佩。这篇约5000字的寿文成为李鸿章所收到的寿文中的压卷之作，琉璃厂书商将其以单行本付刻，一时洛阳纸贵。

忍耐、克制是人生大智慧。张之洞对待帝师翁同龢与他对待李鸿章有异曲同工之妙。戊戌变法前，虽然他在许多方面对翁同龢的变法主张和内容持反对意见，但看到光绪帝对翁同龢非常尊敬，

"每事必问，眷倚尤重"，所以他便曲意攀附翁同龢。他曾致函"贵为帝傅"的翁同龢，吹捧他博学多识，深谙儒学之精髓，而且通达时务，为时代之俊杰。张之洞在信中还称赞翁同龢实行务实的策略，提倡维新变法，以达到富国强民的目的，所以自己非常仰慕翁同龢，如果能有为翁同龢的维新变法效力的机会，自己一定会尽全力去做。

张之洞不但洞悉世事，而且做事更是因势而变。当初，他被委任为山西巡抚，即将启程时，山西籍富商、泰裕票号的孔老板，拿着一万两银子来"贿赂"他。他想为张之洞解决差旅费，张之洞当时婉言谢绝了孔老板的好意。可是当他来到山西时，他被山西罂粟的种植之多深深地震撼了，他决心铲除罂粟，让百姓重新种植庄稼。而改种庄稼，就需要帮助百姓买耕牛、买粮种，但山西连年干旱、歉收，加上贪官污吏的中饱私囊，拿不出救济款给老百姓，不得已他决定向商号老板募捐。这时，他第一个想到的就是孔老板。

开始时，张之洞觉得孔老板当初是想拿银子来贿赂自己，目的当然是想日后从自己这里得到好处，现在要他把银子捐出来，为山西的百姓做善事，那他未必会同意，但有些商人未必如此，他们不再看重实利，而看重名和位，愿意以银子换名和位。孔老板会不会是后一种人呢？如果是的话，那么自己可以和他商量一下，拿名位来跟他换银子。

孔老板果然很乐意，他表示愿意捐五万两银子做个道台。虽然说名义上做了道台，但孔老板依旧做他的票号生意，并不等着去补缺，因此也就不会去抢别人的位置，所以对孔老板来说道台不过是个空名而已。再者按朝廷规定，捐四万两银子便可得候补道台，孔老板捐了五万两银子，已经超过了规定的数目，给他个道台的虚名，于情于理都不为过。于是张之洞答应了孔老板。

晚清名臣胡林翼说："能忍人所不能忍，乃能为人之所不能为。"能够忍，就有充分的时间、足够的弹性使自己调整策略。有原则地妥协一下，是为了在必要的时候不妥协。

当然，妥协总是需要付出一定代价的，这种代价有时是面子上的，有时是物质上的，但这种代价不可能是无偿的。如果得不偿失，是没有人会去妥协的，其中主要还是因为这种妥协能够得到更多的利益。只有具备这种能在小处妥协、包容的心态，才能在大处取胜。

**导师
训练营　　　怎样进行适度的妥协？**

第一招，要给自己设一个底线。每个人都有一个心理可以承受的范围，超过了这个范围，就会无法接受。我们要找到自己的底线在哪里。

第二招，巧妙地给对方施压。我们要事先探知对方的底线，在对方承受的范围内对对方施压，这样我们就可以不必妥协得太多。

随时注意保持良好的形象

【导师履历】

张晓梅，　作为全国政协委员的她，还有另外一个身份——中国美容时尚报社长兼总编辑。注重美容时尚，希望用靓丽的妆容来点亮生活之美的她，是"中国美容经济女掌门""中国十五大杰出创业女性"之一，对中国美容业影响颇深。

幸福好声音

打扮，更多的是为了自己

　　妩媚靓丽、慧眼独具的张晓梅是美容界的天后级人物。这个从小在四川偏远山区长大的孩子，用一腔热血、敢打敢拼的精神，迅速建立了自己的美容王国。当我们采访张晓梅时，她亲切地拉我们坐到她的身边，跟我们聊她的美容心经，分享她的成功经验。谈到外表与内在，她会毫不犹豫地对我们说："每一位女性都可以努力通过大幅度地提高审美能力，让自己的外表更准确地表达自己的内心，同时用自己的外表创造一个新的自我。"

　　听后，我们确有开悟。很多女人喜欢打扮都是希望引起别人的注意，得到别人的好评；很多女人不打扮自己也是为了给人留下朴实、可信的印象。其实，这些女人把打扮自己定错了位，打扮自己不仅是给别人看的，同时也是给自己看的。

　　靳羽西说："女人自身的美丽和良好的品味是她们的财富，她们的声望和名誉不会因为美丽而受损。"女人美丽本身就是一种财富，它在引起别人关注的同时，也容易带给自己自信。一般来说，漂亮的女人会有一种优越感，因而做起事来也比较放得开。

承认也罢，不承认也罢，人人都会以貌取人。当我们看到一个衣着整洁、打扮得体的人时，都愿意接近他，并十分欣赏他。这是因为我们从他展现出的形象，能判断他是一个有涵养、有能力的人。我们希望别人是这样，反过来别人也希望我们是这样，比如面试是否成功，职位是否晋升，人缘的好坏等，多多少少与形象有着一些关联。

良好的形象是一个人自身魅力的展现，也是一个人内在品质的外在表达。

在一所小学里，有一个刚从师范学校毕业的男老师。由于穿西服上课，在黑板上写字很不方便，所以他就自作主张，穿得很休闲。他又考虑到，在讲台上看书时，前面的头发总是遮住双眼，于是就喷了发胶。

有一天，校长巡视各个班级上课的情况，当来到年轻男老师所教的三年级一班时，校长的表情顿时变得不太好看，显然对这个年轻男老师十分不满。于是下课后，校长把年轻男老师叫到了办公室。"为人师表，作为一名小学教师，你怎么能穿成这个样子？真是太不像话了。"年轻男老师刚一进校长办公室，就遭到一顿劈头盖脸的批评。

年轻男老师没有生气，也没有怪校长的误解，他仔细地向校长解释了自己这样穿着打扮的理由。

听完年轻男老师的解释后，校长又说："你觉得这些能作为你这样穿着打扮的理由吗？老师，不但要有知识、有修养，也要在外在形象上为孩子树立一个好形象，给孩子积极、正面、阳光的引导。"

"也许你一时间还想不明白，接受不了，回去好好想想吧！不要有情绪，我相信你会处理好的，不要影响到工作。"最后，校长语重心长地说。

年轻男老师虽没有对校长产生不满情绪，但内心却怎么也高兴不起来，总觉得受了委屈。

回家后，比他早几年参加工作的姐姐，看出了他的心事，于是就和他谈心。

了解到情况后，姐姐就劝男老师："学生的成绩固然重要，想穿得舒服点儿不影响工作，这个想法的出发点也很好，可是其他人有没有因为穿着西服上课而影响到教学质量呢？当老师，不仅仅是要教给孩子书本上的知识，更重要的是，还要告诉他们做人的道理，身教重于言教啊！孩子们会从你平时课上、课下的言谈举止中无意间学到许多东西，而这些东西往往会影响他们的一生……"

听到姐姐的话，年轻男老师的表情变得轻松多了，也确实从心底里感觉到了自己的形象、仪表对孩子的影响非同小可。

第二天中午吃饭时，校长无意间看到了刚刚走进食堂的年轻男老师。他穿着一身西装，打着蓝色的领带，脚蹬黑色的皮鞋，和从前的形象形成了鲜明的对比。本来就很和蔼的校长走上前去对年轻男老师说："小伙子，不错嘛！"

英国的一位心外科专家认为，整洁的外观和干净利落的外表对心脏外科医师来说是极为重要的。他认为："你可称其为虚荣，但是我认为，那是有关自尊心的问题。我认为，如果我打算给我的病人诊视，告诉他们如何料理他们，而在与他们谈话时，他们看到我身体短粗肥胖，嘴角衔着根香烟，他们肯定会对我失去信任……没有谁想让一位作风邋遢、不修边幅的外科医生给自己做手术。"

所以说，良好的形象非常重要，它就如同一支美妙的乐曲，不仅能够给自身带来自信，还能给别人带来审美的愉悦，甚至也能"左右"他人的感觉，使你办起事来信心十足。因此，我们要随时注意保持良好的形象。

如何注重自己的外在美?

第一招，保养好自己的脸，适当化妆。化妆不仅让别人看着舒服，也让自己看着舒服，同时也能提升自信心。

第二招，培养自己的气质。每个人都有自己的气质，或可爱，或优雅，或文静……每种气质都能吸引特定的人群，面我们要做的便是培养出一种属于自己的独特气质。

发射自己的光，
但不要吹灭别人的灯

【导师履历】

牛根生，他是内蒙古人，蒙牛乳业集团的创始人，从事乳业27年。他的座右铭是，"小胜凭智，大胜靠德"，信奉"财聚人散，财散人聚"的经营哲学。他的人生可以分为两个阶段，第一个阶段是企业家，第二个阶段是慈善家。

幸福好声音

不把事做绝，不把话说死

当年，他是大黑河牛奶厂的一名工人；当年，他是伊利一个分厂的厂长；当年，他是伊利的生产部经理。如今，他是蒙牛乳业的董事长。

这个身材高大、胸怀宽广的内蒙古汉子，用他独特的魅力吸引和感染着每一个接触过他的人。当我们走近这个浑身上下洋溢着草原气息的壮汉时，他热情地招待起我们，当我们向他请教怎样才能像他一样得到人们的信任和尊敬时，牛根生给了我们一句意味深长的话："发射自己的光，但不要吹灭别人的灯。"

与人相处要记得时刻给别人留有余地，只有不把事做绝，不把话说死，于情不偏激，于理不过头，才能在与人相处时游刃有余。

很多年轻人眼中揉不得一点儿沙子，发现别人的错误，不管什么场合、什么时机，非狠狠地给予批评才觉得痛快。殊不知，自己的批评往往会把对方逼入绝境，让对方讨厌自己。说话办事要顾及别人的感受，更要给别人留一点儿回旋的余地。在给别人方便的同时，也给了自己成功的可能。

三国名将关羽，他的英雄事迹有温酒斩华雄、匹马斩颜良、偏师擒于禁、擂鼓三通斩蔡阳……可谓神勇无敌，战无不胜。

然而，这位叱咤风云、威震三军的一世之雄，下场却很悲惨，他居然被吕蒙一个奇袭，兵败地失，被人割了脑袋。

关羽兵败被斩的最根本原因是蜀吴联盟破裂，吴主兴兵奇袭荆州。吴蜀联盟的破裂，原因很复杂，但与关羽其人的骄傲有着密切的关系。

诸葛亮离开荆州之前，曾反复叮嘱关羽，要东联孙吴，北拒曹操。但他却对这一战略方针的重要性认识不足。他瞧不起东吴，也瞧不起孙权，致使吴蜀关系紧张起来。关羽驻守荆州期间，孙权派诸葛瑾到他那里，替孙权的儿子向关羽的女儿求婚，"结两家之好"，并力破曹。这本来是件好事，以婚姻关系维系巩固政治联盟，历史上多有先例。如果放下高傲的架子，认真考虑一番，利用这一良机，进一步巩固蜀吴的联盟，将是很有益处的。但是，关羽竟然狂傲地说："吾虎女安肯嫁犬子乎？"

不嫁就不嫁嘛，又何必如此出口伤人？试想这话传到孙权那里，孙权的面子如何挂得住？又怎能不使双方关系破裂？关羽的骄傲，使自己吃了一个大大的苦果，最终被自己的盟友结束了生命。

克劳利在任纽约中央铁路局总经理期间，一次差点儿出了大事故。有两个工程师，他们都在铁路上服务了很长时间，但就是这样的两个人犯下了大错：由于他们的疏忽，差点儿使两列火车迎头撞上。这么严重的事是必须严肃处理的。上司命克劳利解雇这两名员工，但是克劳利却持反对意见。

"像这样的情况，应当给予特殊的考虑，"克劳利说，"确实，他们的这种行为是不可宽恕的，是理应受到严厉惩罚的。你可以对他们进行严厉的处罚和教训，但是不可剥夺他们的位置，夺去他们唯一可以为生的职业。总的看来，这些年，他们不知创造了多少好成绩，为铁路事业的发展立下了汗马功劳。仅仅由于他们这次的疏忽，就要全盘否定他们以前的功绩，这样未免太不公平了。你可以惩治他们，但是不可以开除他们。如果你一定要开除他们的话，那么，就连我也一起开除吧！"

结果克劳利取得了胜利，两名工程师被留了下来，一直都在铁路局工作，后来他们都成了忠诚且效率极高的员工。

为别人考虑，不以自我为中心，在点亮自己的同时，不吹灭别人的灯，只有这样，我们才能赢得别人的尊重。

导师训练营　　怎样给人留余地？

第一招，说话给人留余地。话不要说满，给别人台阶下，也就是给自己留了条退路。

第二招，做事给人留余地。事不要做绝，要给别人留个生存空间，自己吃肉也要让别人喝汤。

心态变了，
看法也就变了

▶【导师履历】

张曼玉， 她是香港著名演员，以"香港小姐"亚军及"最上镜小姐奖"身份出道后，出演多部影视剧，如《花样年华》《英雄》《青蛇》等。凭借着精湛的演技，她曾多次获最佳女主角奖，其中包括四届台湾电影金马奖最佳女主角。

幸福好声音　换个角度看问题，心情就会好起来

张曼玉，一个将东方的素净含蓄和西方的明艳光彩集于一身的女人，一个征服了全世界影迷的演技派演员。她在荧幕上千种面貌、万种风情，从一个花瓶成长为一代影后，她的一举一动都散发着独特的魅力。与张曼玉对视，我们就会发现她的眼睛任何时候都闪耀着睿智的光辉，她的笑容像薄荷糖一样，让我们有透心清凉之感。这个生活中有滋有味的女子，内心同样是丰富多彩的，她这样描绘生命："生命就是由一些看起来微不足道的小事凑合而成的，但如果以'细小'的方式欣赏和投入其中，那么生活就会变得有趣起来和耐人寻味。"

"细小"的方式是什么样的方式呢？是一种用心来生活的方式。它是要我们来感受生活的每一天，在小小的事情中去体会生活的美好，去投入到生活当中去。比如，我们用心去烧一顿饭，用心去为别人挑选一份礼物，用心去对待这一天的工作，总之，就是用心来过好每一天，做好每一天里要做的事。

我们用什么样的心情对待生活，生活就会以什么样的姿态呈现在我们面前。我们觉得生活有意思，生活必然就有意思起来。

据说，有一个寺院的住持立下了一条特别的规定：每到年底，寺院里的和尚都要对住持说两个字。

第一年年底，住持问新来的和尚："你心里最想说什么？"

那个新来的和尚说："床硬。"

第二年年底，住持又问他："你心里最想说什么？"

这个和尚回答说："食劣。"

第三年年底，这个和尚还没等住持问便说："告辞。"

住持望着他的背影自言自语地说："心中有魔，难成正果，可惜！可惜！"

从故事中我们得知，那个和尚一直以一种消极的心态对待世事，不能安于现状，只是一味地报怨。

然而，他的抱怨却让他失去了修成正果的机会。可想而知，抱怨会让我们失去多少机遇。抱怨不仅如此，它还像流行感冒一样传染给别人。因此，生活中，我们不喜欢跟爱抱怨的人在一起，而喜欢跟自信乐观的人在一起。因为常常跟爱抱怨的人在一起，很容易变得萎靡不振，对生活失去信心；跟乐观的人在一起，会觉得生活美好起来了，所有的不幸和困难，都会在我们的勇气面前藏匿起它们的身影。其实，抱怨跟乐观都源于心态，假如那些牢骚满腹者以积极的心态，换个角度去看问题，那么相信他的心情很快就会好起来。

下面这个故事讲的正是这样的道理：

中国著名的国画家俞仲林擅长画牡丹。有一次，某人慕名前来，请俞仲林亲自为他画了一幅牡丹画。那人非常高兴，回去以后，立即把牡丹画挂在客厅里。

有一天，那人的一位朋友来他家玩，看到了那幅画，大呼不吉利。因为这朵牡丹没有画完全，缺了一部分，而牡丹代表富贵，缺了一角，岂不是"富贵不全"吗？

那人一看也大为吃惊，认为牡丹缺了一边总是不妥，于是就拿回去准备请俞仲林重画一幅。

俞仲林听了他的理由，便灵机一动，说道："既然牡丹代表富贵，那么缺一边，不就是'富贵无边'了吗？"

那人听了俞仲林的解释，觉得有理，便高高兴兴地捧着画回去了。

同一幅画，因为心态变了，看法也就变了。如果你像那人的朋友一样用一种消极的眼光去看待生活，毫无疑问，那么你将觉得生活中处处都不如意；如果你像画家俞仲林那样用一种积极乐观的心态去看待生活，那么你的生活将幸福美满。

因此，我们应该持一种积极的心态，多往好处想，不要看什么都不顺眼，那么这样就会少很多烦恼、苦痛、牢骚，多一些开心、快乐。

1972年，新加坡旅游局给总统李光耀打了一份报告，大意是说，我们新加坡不像埃及有金字塔，不像中国有长城，不像日本有富士山，不像夏威夷有十几米高的海浪。我们除了一年四季直射的阳光，什么名胜古迹都没有，要发展旅游事业，实在是巧妇难为无米之炊。

李光耀看过报告，非常气愤。据说，他在报告上批了这么一行字：你想让上帝给我们多少东西？阳光，阳光就够了！

后来，新加坡利用那一年四季直射的阳光，种花植草，在很短的时间里，发展成为世界上著名的"花园城市"，连续多年，旅游收入列亚洲第三位。

　　尽管在生活中，我们每个人都会遇到各种各样的磨难和考验，可是只有能够认真过日子的人，才能在最后的关头突破自己，创造生活的奇迹。其实，生活给予我们每个人的机会都是相同的，越是艰难的岁月，就越能提供给我们进步的空间。所以，不要总是抱怨日子不好过，只要我们坚持，认真地过好每一天，我们就能抓住希望。

导师训练营　如何用"细小"的方式欣赏生活?

　　第一招，一次只做一件事。一次只做一件事，用心去做，不惦记其他的事情，充分享受做每件事时的状态。

　　第二招，做个小计划。把自己感兴趣的小事列入生活计划中，尤其是压力大的时候可以做自己感兴趣的事，这样不仅可以缓解压力，还可以感受到生活的乐趣。

每个人都有自己的人生，每个人都有自己的梦，每个人的人生都该由而且只能由自己去撰写。追求梦想，做自己喜欢做的事情，按照自己喜欢的方式去生活，这是每个人的权利，同时也是人们最佳的生活状态。怎样走好自己的路，撰写好自己的人生？这是值得我们深思的事情，它需要我们每走一步都要给自己一个良好的交代。

PART**9**

掌控的声音

自我掌控的力量

梦在黑暗里替人解明

冰心，现代著名诗人、作家、翻译家、儿童文学家。曾任中国民主促进会中央名誉主席，中国文联副主席，中国作家协会名誉主席、顾问，中国翻译工作者协会名誉理事等职。

幸福 好声音　一个人若有了希望，便会成就一切梦想

冰心，这位世纪老人面对困境时，依然以勇敢、乐观的态度从容应对。在那个传奇而又浪漫的红色岁月，她用一颗无瑕剔透的心为他人点亮了一盏黑夜里的桔灯，使他人保持着对光明的憧憬。人们对这位饱经风霜的老人充满敬意的同时，也想知道，是什么让她如此坚韧、乐观？

冰心老人笑语盈盈地告诉人们："我的心，在光明中沉默，我的梦却在黑暗里替我解明了。"对未来的憧憬让这位老人始终没有放弃心中的希望，并一直为希望而努力。只要希望在，人就不会沉沦。

普希金有这样一首诗：

假如生活欺骗了你

不要悲伤、不要心急

忧郁的日子需要镇静

相信吧，快乐的日子将会来临

心儿永远向往着未来

现在却常是忧郁

一切都是瞬间

一切都将会过去

而那过去的将会成为亲切的怀恋

雨果曾说："不论前途如何，不管发生什么事情，我们都不能失去希望，它是永恒的欣喜。它就像人类拥有的土地，年年有收益，是用不尽的、最牢靠的财产。"

的确，希望就是我们的好梦、我们心中的甘甜，只要将自身放在心间，拥有一种执著的精神，我们就坚信，好梦终会实现。

因而，一个人若有了希望，便会成就一切梦想。希望是催促人们前进的动力，也是生命存在的最主要的激发因素：只要活着，就有希望；只要抱有希望，生命便不会枯竭。希望，不一定是多么伟大的目标，它可以缩小到平淡生活中的一些小期待，小盼望，小快乐，小满足。譬如明天会看到太阳，明天要去听一场音乐会，下星期约了老朋友去喝茶，下个月即将有一笔小奖金，阳台上的盆花即将盛开……虽然在别人眼里，或许尽是些微不足道的细碎小事，但是，对个人而言，却能带来一些乐趣，也都是值得等待的，这些都是喜悦的希望。

有一个农家女孩，生长在偏远的小村子里。过着"日出而作，日落而息"的生活，她喜爱一项传统工艺——剪纸——并达到了比较高的水平。

这个女孩从别人那里听到这样一个消息：一些外国人喜欢中国的工艺品，大老远跑到山西的农家小院去买老太太做的虎头鞋，一双10美元，值好几十块人民币呢！她想，北京是首都，外国人多，如果把自己的剪纸拿到那里一定能卖个好价钱。18岁那年，她对自己的剪纸作品进行了第一次尝试，她带着省吃俭用攒出来的路费，满怀希望地来到了北京。但是她没有想到，北京艺术品市场里的剪纸那么便宜，她带去的作品，一块钱一张都没人要，险些连回家的路费都成了问题。这次尝试得到的答案是此路不通，后果是不仅没挣到钱，还赔上了一笔路费。但是，女孩并没有因此而放弃希望，相反，她选择了坚持继续学习剪纸艺术。

在女孩22岁那年，她进行了第二次尝试。她苦苦哀求、软磨硬泡拿到了父母为她准备的1000元嫁妆钱，交了省城一家美术馆的展览费。这一次更惨，她不仅赔上了自己的嫁妆钱，还欠下了一大笔装裱费，而且成了乡邻茶余饭后的笑料，这样的后果她已经无法承受了，只好一走了之，为还钱她到深圳打工。打工的那段日子，尽管她过得很艰难，但她除了每天在流水线上拼命工作外，还挤出时间去上晚间的美术课，处处留心实现自己剪纸梦想的机会。

后来，她做了一次又一次尝试。随着年龄的增长和人生阅历的增加，她将自己所能了解到的途径一一尝试。到艺术学校自荐，参加各种各样的评比和展出，给报纸杂志寄作品，报名参加电视台的参与节目，想方设法接触记者，联系赞助商，搞个人展，请工艺品店和市场代卖，去印染厂推销自己的图样设计，等等。她的尝试有许多次都失败了，但她勇敢地承担每一次失败带来的后果，曾被中介骗子骗走了所有的作品，也曾被债主逼得走投无路。每失败一次都要狼狈不堪地善后，但她每一次在面临选择的时候，始终把酷爱的剪纸艺术放在第一位。后来，她有了自己的一个小小剪纸工作室，靠剪纸维持自己的生活。

她满足了，快乐地认为自己获得了成功，因为日夜与她相伴的是剪纸艺术。最后农家女终于成了远近闻名的"剪纸艺人"。

农家女就是这样每天给自己一个小小的希望，并将这个希望深放在心间，她坚信，她能实现她的好梦。当然，她做到了。也正是她心中的那份甜，让她的生活充满了无限活力。

记得一位名人曾经说过："世界上一切成功的、一切的财富都始于一个意念！始于我们心中的梦想！"这句话告诉我们：**实现梦想，取得成功其实很简单，你先有一个梦想，然后努力经营自己的梦想，不管别人说什么，都不要轻易放弃。**

希望是鼓舞人心的力量，有了它，我们就会重新燃起勇气，有了希望也就有了未来。

导师
训练营　　　　　　　　# 如果憧憬未来？

第一招，先冷静，后幻想。冷静，是为了接受现实；幻想，是为了给自己希望。要幻想走出困境，这样我们就有了期盼。

第二招，精神胜利法。接受不能改变的事实，安慰自己说："不是自己没能力，是时机不成熟，以后还会有机会。"

做自己喜欢做的事
是最好的生活方式

【导师履历】

周星驰， 他有着"喜剧之王"之称，亦是"无厘头"电影创始人，在华人界具有极大的影响力和知名度。他并不是演艺世家出身，从小和四个姐弟一起在单身母亲的抚养下成长，长相清秀但个性不突出，书读得一般，打工也不大赚钱，要说与电影的关系，或许只是疯狂崇拜李小龙。然而就是那份对电影的坚持和热爱，成就了"喜剧之王"的灿烂生涯。

幸福
好声音

有热情才有好作品

毋庸置疑，周星驰是一位坚持梦想、一直走在自己喜欢的道路上的成功人士。从开始的跑龙套到后来的"星爷"，周星驰用坚持和热爱诠释了成功就要做自己喜欢做的事。当年还不十分有名的他，因为对艺术的一腔热爱，毅然进入影视界，从跑龙套开始，不怕苦、不喊累，虚心地学习。当身边很多人劝他放弃演艺这条路时，他丝毫没有动摇，只是坚定地说："做自己喜欢做的事情，这样的人生或许会有很多曲折和磨难，但是我认为是最有价值的，也是最好的生活方式。"

是的，**充分认识和相信自己，倾听自己的心声，做自己喜欢做的事情，这样的人生或许会有曲折，但却是最有价值的，也是最好的生活方式。**

励志大师戴尔·卡耐基曾说："人有热情就年轻，人有信念就充满力

218

量。"他强调的就是人们要充满热情地去生活、去工作，这样才会赢得机会和成功。

有了热情，你才能在任何一种处境下都热爱自己所从事的工作，并努力地去经营它。可以说，热情就是你取得事业成功的动力。

回忆当年刚入行的日子，他也吃了不少苦。起初加入一家音乐公司，因为是新人，干的都是杂活儿：给公司的每一位工作人员送盒饭，为了别人急需的东西跑遍了所有能去的地方……就是这些零零碎碎的事情填满了他那时的生活。

在身体疲累、工作毫无意义的情况之下，他的内心越来越强烈地感觉到自己音乐梦想的实现遥遥无期，情绪也就一天比一天低落。

终于有一天，他真的是忍受不住梦想的渐行渐远与内心的挣扎，不顾一切地回到了家中，在父亲面前不顾男子汉尊严地放声痛哭。

作为父亲，怎能不了解孩子的苦衷，但是父亲没有说过多的安慰话，只是说："孩子啊，人不能屈服于生活所设下的既定模式，要用内心的热情将生活这锅冷水煮沸。"

接着父亲就讲了一个促使他生命转折的故事：

铁匠的女儿在经历了生活中的一些不如意事之后想自杀，铁匠知道后，良久无语。

过了一会儿，铁匠将女儿带到了他平日工作的地方，只是把一块烧得通红的铁块放在铁砧上狠狠地锤了几下，随手就丢入身边的冷水中。这时，只听"哧"的一声，水沸腾了，一缕缕水汽向空中飘散。

铁匠对女儿说："你看，水是冷的，铁却是热的。热铁遇到冷水，两边就展开了较量，水想使铁冷却，铁却想使水沸腾。现实生活也是如此，生活好比冷水，你就是热铁。如果你不想被水冷却，就要用你内心的热情让水沸腾起来。"

父亲的话让失去热情、毫无斗志的他感动不已，失落的心又充满了奋斗的勇气。

"要充满热情。要用内心的热情将生活这锅冷水煮沸。"他在心里暗暗地对自己说。重整行装，重拾信心，他以一种全新的姿态又投入到了自己热爱的音乐事业当中。

几年后，经过一番辛苦的打拼，他终于用自己的努力与对梦想的热情走出了一条自己的路，迎来了事业上属于他自己的那个世界和那个时代。他就是台湾著名的歌星，被誉为"情歌王子"的张信哲。

当你把全部热情投入到工作中时，你就会在不经意间发现，工作中很多事务原来是如此简单而明了，自己完全可以胜任。

一个有理想、有追求的人是有着人生目标的人，他们知道自己要什么，知道去如何实现自己的理想。一个真正懂得追求的人，才是会享受人生的人。

导师训练营 **怎样做个有追求的人？**

第一招，发现自己的兴趣，做自己喜欢的事。每个人都有喜欢的事，按照自己的喜好订一个目标，然后执行，不管遇到什么状况都要坚持下去。

第二招，永远保持积极乐观的心态。积极乐观的人永远都能感受到生活的美好，就算遇到琐碎的麻烦、糟糕的境遇，他们的热情也不会被消磨掉。

想要实现梦想，就要懂得坚持

▶【导师履历】

马云， 阿里巴巴集团主要创始人之一，他还担任软银集团董事、中国雅虎董事局主席、亚太经济合作组织（APEC）下工商咨询委员会(ABAC)会员、杭州师范大学阿里巴巴商学院院长、华谊兄弟传媒集团董事。

幸福 📶 **好声音**　　**挺过去了，才能到达成功的彼岸**

　　马云是一个具有独特人格魅力的人，在很多人眼中他是个狂傲自大的人，但很多人也知道，马云狂傲自有他狂傲的道理。马云在接受杨澜访问时说："把阿里巴巴建设成世界上伟大的公司，这不是第一天讲，从我们开始做就讲……在里面（金庸小说）我欣赏的人很多，不过有一点我总结出来了，要想练成绝世武功必须经过千辛万苦，没有一个人的成功是随意的。我比较欣赏令狐冲，冤枉、倒霉、委屈一路打过来……我从小读书、小孩儿玩儿的把戏都不咋地，所以我知道我从不聪明，我就是一个普通的人……"

　　马云说自己是六十年代末出生的人，那个年代的人都带有理想主义色彩，他就是一个爱做梦的人。让自己的公司成为世界上伟大的公司就是他创业第一天的梦想，十年来，一步一步地走过来，他感到梦想越来越近了。从马云的话中我们能听出马云的坚持，他自始至终都没有放弃他的梦想。当年，马云带着十八个人从杭州来到北京创业，之后又带着这群人返回杭州，他一直在做的都是互联网，他对它有着坚定的信念，正是这种信念使得阿里巴巴的名字越来越响亮。只要我们不舍弃梦想，梦想就不会舍弃我们。

正如马云所说，今天很残酷，明天更残酷，后天很美好，但绝大多数人死在了明天晚上，看不到后天的太阳。一个人想要实现梦想，就要懂得坚持，就要经得起大风大浪。

孟子在《生于忧患，死于安乐》中写道："天将降大任于斯人也，必先苦其心志，劳其筋骨，饿其体肤，空乏其身，行拂乱其所为，所以动心忍性，曾益其所不能……"孟子这段话充分说明人只有先经受住了苦难的煎熬，才能担当大任，才能取得成功。

是的，熬过去就是胜利。假如你在苦难面前退缩，不敢前进，那么你最终将被苦难踩在脚下，一事无成，成为时代的弃儿。很多时候，成功就在于你再坚持一下，熬过最难熬的时刻。

查德威尔就是一个很好的例子：

查德威克是第一位成功横渡英吉利海峡的女性，但她并没有因此而感到满足，而是还想挑战新的目标，不断地超越自己。因此，她决定从卡塔林纳岛游到加利福尼亚。

那天早晨，大雾漫天，海水冷得刺骨，因此，游程异常艰辛，查德威克的嘴唇被冻得发紫。连续游了16个小时后，她感觉四肢几乎僵化了，浑身上下没有一点儿力气。她努力地抬起头来，想看看还有多远，可大雾早已挡住了她的视线，她根本看不到海岸线。

她越游越累，于是就对陪伴她的船上工作人员说："我快坚持不住了，快拉我上船吧！"船上工作人员鼓励她说："还有一海里就到了啊，再坚持一下吧！"

查德威克十分沮丧地说："我不信，我连海岸线都看不见，怎么可能只剩一海里呢？快拉我上去，我真的坚持不下去了。"工作人员见她如此坚持，只好将她拉上了船。

快艇飞快地向前开去，不到一分钟，加利福尼亚海岸就出现在她的眼前。因为大雾，海岸线只能在半海里的范围内才能看得见。

查德威克望着大雾中的海岸线，后悔莫及，痛苦地说道："如果我听大家的劝告，再坚持一下，我就能熬过最难熬的时刻，就一定能成功地到达加利福尼亚海岸。"

其实，成功与失败往往只有一步之遥，如果想取得成功，就一定要坚持到底，熬过最难熬的时刻。只要挺过去了，那么你最终将到达成功的彼岸。

生活中，像查德威克这样的人有许多，他们往往被之前太多的困难弄得筋疲力尽，在快取得成功时，就被一个微小的障碍挡在了成功的大门外。如果他们能咬紧牙关再坚持一下，熬过最难熬的时刻，那么胜利也许就在眼前。成功的秘诀之一就是在于坚持。

下面看看坚持到最后的成功事例：

霍华德·卡特是英国考古学家和埃及学的先驱。他对工作充满了热忱，但是也非常顽固。由于他的顽固性格，他在5年内不得不辞去遗迹监督官的工作。就在他贫困不已时，英国的乔治·卡尔纳冯勋爵表示愿意提供资金援助，邀请他参加挖掘"帝王谷"的队伍。

霍华德·卡特非常喜欢这份工作，但由于许多人都认为当时盗墓猖獗，早在学术性的调查进行之前，"帝王谷"就被盗贼掘光了。但当霍华德·卡特看到开罗博物馆内收藏的大约30具古埃及历代君王木乃伊时，他突然觉得一定还有其他尚未发现的王墓。

1917年秋天，霍华德·卡特开始指挥挖掘工作。由于盛暑及狂风沙的缘由，挖掘工作从11月起至隔年一月，花费了三个月才完成。然而，工作进展得并不顺利，霍华德·卡特花了很多时间，没有取得任何成效，但他并没有放弃，抱着坚定的信念继续挖掘。

1922年的冬天，饱受打击的霍华德·卡特几乎把所有可能出现年轻法老坟墓的地方统统考察了一遍，但仍然没有任何收获。此时，霍华德·卡特的赞助商对他失去了信心，打算放弃。然而，霍华德·卡特并没有气馁，不甘心就这么轻易放弃，坚持让他的赞助商再提供一天的援助。出人意料的是，就在这一天，他们发现了一条6尺长的石阶。看到这条石阶，霍华德·卡特仿佛看见了希望。第二天，他们又小心翼翼、缓慢地往下挖掘直到第12阶。在那一层，他们发现了一个入口。外门上那三千年前的封印证实了那是一座皇室陵墓，也证实了陵墓内的东西完好无缺。

毫无疑问，霍华德·卡特成功了。他的坚持轰动了全世界，也改变了他的人生。后来，霍华德·卡特在自传中写道："这将是我们待在山谷中的最后一季，我们已经挖掘了整整六季，只有挖掘者才能体会这种彻底的绝望感。我们几乎已经认定自己被打败了，正打算离开山谷到别的地方去碰碰运气。然而，如果不是我们垂死挣扎，我们也许永远也不会发现这座超出我们梦想所及的宝藏。但幸好，我们最终还是成功了。"

霍华德·卡特正如他自己所说，如果他们不是垂死挣扎，那么永远也不可能取得成功。但正是因为他的坚持，经受住了失败的打击，机遇就降临到他的身上，成为埃及"帝王谷"图坦卡蒙王KV62号陵墓及戴着"黄金面具"的图坦卡蒙王木乃伊的发现者，他的发现轰动了世界。

然而，令人感到悲哀和遗憾的是，我们在面对一次又一次的失败后，往往选择了放弃，再也不愿给自己一次机会。

林肯曾说："我成功过，我也失败过，但我从未放弃过。"人生很多时候都是这样，将最难熬的时刻熬过去了，也就没什么苦难不可战胜了。因此，当你陷入困境中时，你一定要告诉自己：只要熬过去就是胜利。

导师
训练营 人怎样做到坚持梦想？

第一招，用梦想为自己指路。按照自己的梦想去选择自己的道路，告诉自己为梦想作出的选择是不后悔的。

第二招，想象梦想实现后的喜悦和成就感。如果我们在追求梦想的路上遇到阻碍，那么就要多想想成功以后的心情，用欲望来刺激自己重新战斗。

第三招，养成一种习惯。实现梦想是要付诸行动的，只要我们把追求梦想变成一种习惯，我们的情绪就不会出现大的波动。

该有怎样的人生要自己去撰写

柳岩，她是光线传媒当家女主播，"光线三宝"之一，也是中国新生代当红人气美女主播之一，主持风格以"狠"见称，精灵、泼辣。

幸福好声音　拥有梦想的人是值得尊敬的人

柳岩是光线传媒的当家女主播，主持过不少娱乐节目，被誉为"光线三宝"之一。柳岩以热辣直率的主持风格著称，深受国内观众喜爱。现在的柳岩不仅节目主持得好，而且涉足影视歌界。大家眼中的柳岩是风光无限的，但很少人知道，柳岩为了实现自己的梦想所吃过的苦。当初，她决定离开深圳到北京发展时，强忍着内心的悲痛与热恋中的男友分开，之后在北京成了"奔奔族"。由于工作压力过大她得了良性肿瘤，就是这样，她也没有放弃自己的梦想。在一次访谈节目中，这位外表柔弱的女孩儿对我们说出了她对梦想的执著，她说："拥有梦想的人是值得尊敬的，也让人羡慕。当大多数人为现实奔忙的时候，坚持下去，不用害怕与众不同，你该有怎么样的人生，该由你亲自去撰写。"

柳岩之所以有这样的梦想，并能坚持下去，是因为这是她发自内心的愿望，是自己的选择，不是别人让她这么做。梦想不是别人给的，是我们内心想要的，是要靠我们自己去寻找的。

著名演员史泰龙的健身教练哥伦布这样评价他："史泰龙每做一件事都

百分之百地投入。他的意志、恒心与持久力都是令人惊叹的。他是一个行动家，他从来不呆坐着等事情发生，而是主动地令事情发生。"

史泰龙的父亲是一个赌徒，母亲是一个酒鬼。父亲赌输了，又打老婆又打他；母亲喝醉了也拿他出气发泄。史泰龙在拳脚交加的家庭暴力中长大，常常被打得鼻青脸肿，皮开肉绽。在这样的环境下成长，他的学业一无所成，不久就离开了学校，成了街头混混。

直到他20岁的时候，一件偶然发生的事刺激了他，并使他醒悟反思："不能，不能再这样做了。如果再这样下去，和自己的父亲岂不是一样吗？成为社会上的垃圾、人类的渣滓，带给众人、留给自己的都是痛苦。不行，我一定要成功！"

从那以后，史泰龙下定决心，要走一条与父母迥然不同的路，活出个人样来。但是做什么呢？他长时间思索着。找份白领工作，几乎是不可能的。经商，又没有本钱。他想到了当演员，因为当演员不需要过去的清名，不需要文凭，更不需要本钱，而一旦成功，却可以名利双收。但是他显然不具备当演员的条件，长相就很难赢得观众的喜爱，再加上他又没有接受过任何专业训练，没有经验，也无"天赋"的迹象。然而，"一定要成功"这个信念却促使他认为，这是他今生今世唯一出头的机会，最后的成功可能。

在没有取得成功之前，决不放弃！于是，他来到好莱坞，找明星，找导演，找制片公司负责人，找一切可能使他成为演员的人，四处哀求："给我一次机会吧，我要当演员，我一定能成功！"很显然，他一次又一次地被拒绝了。但他并不气馁，他知道，失败定有原因，每次被拒绝之后，他就把它当作是一次激励。

不幸得很，两年一晃就过去了，钱花光了，他只好在好莱坞打工，做些粗重的零活。他一边打工，一边去找演员的工作，两年来，被拒绝了1000多次。

每次被拒绝，他都暗自垂泪，痛哭失声：难道真的没有希望了吗？难道赌徒、酒鬼的儿子就只能做赌徒、酒鬼吗？当然不是，我一定要坚持下去，我一定要成功！

后来，他想到了换个方法试试。他想出了一个"迂回前进"的思路：先写剧本，待剧本被导演看中后，再要求当演员。幸好现在的他，已经不是刚来时的门外汉。两年多的耳濡目染，每一次拒绝都是一次口传心授，一次学习，一次进步。因此，他已经具备了写电影剧本的基础知识。

一年后，剧本写出来了，他又拿去遍访各个公司的导演："这个剧本怎么样，让我当男主角吧！"但那些导演普遍认为他的剧本挺好，但要让他当男主角是不可能的。他又一次次被拒绝了。

他不断地对自己说："我一定要成功，也许下一次就行，再下一次，再下一次……"在他一共遭到1300多次拒绝后的一天，一个曾拒绝过他20多次的导演对他说："我不知道你是否能演好，但至少你的精神令我感动。我可以给你一次机会，但我要把你的剧本改成电视连续剧。同时，先只拍一集，就让你当男主角，看看效果再说。如果效果不好，你便从此断绝这个念头吧！"

为了这一刻，他已经做了3年多的准备，终于可以一试身手了。机会来之不易，他自然拼尽全力，全身心地投入其中。第一集电视剧创下了当时全美最高收视纪录——他成功了！

其实在人生的道路上，谁都会遇到困难和挫折，这一点，就连明星也不例外。面对困难，就看你能不能战胜它，战胜了，你就是英雄，就是生活的强者。

从某种意义上说，挫折是锻炼人意志、增强能力的好机会，不要一遇到挫折就放弃努力。只要你不断尝试，就能取得成功。

怎样找到自己的梦想？

第一招，听从自己内心的声音。很多人因为害怕别人说自己不现实，不知道自己什么分量而放弃自己心中的愿望。其实这完全没有必要，人生是我们自己的，只要我们不伤害他人，就可以坚持自己的梦想。

第二招，循序渐进。并不是所有人都知道自己要什么，寻找梦想的过程是个不断试探的过程。有的人要通过很多次试验才能找到自己心中最想做的事情。

每一步都给自己一个良好的交代

▶【导师履历】

俞敏洪，新东方教育科技集团董事长兼总裁，全国青联常委、全国政协委员。被媒体评为最具升值潜力的十大企业新星之一，20世纪影响中国的25位企业家之一。近年来，俞敏洪及其领衔的新东方创业团队已在全国多所高校举行上百场免费励志演讲，被誉为当下中国青年大学生和创业者的"精神领袖"。

> 幸福
> 好声音 **专注才会成为专家，才能取得辉煌成绩**

俞敏洪，一个长相朴实、颇具喜感的老总，把讲台当作舞台，把教育当作终身事业。他总能带给学生希望，总能帮助人实践理想。他做过多次讲演，受到他鼓舞的人数以万计。他曾动情地对他的听众说："凡是想要一下子把一件事情干成的人，就算他干成这件事情，他也没有基础，因为这等于是在沙滩上造房子，最后房子一定会倒塌。每一步都给自己打下坚实的基础，每一步都给自己一个良好的交代，他才能够把事情真正地做成功。当你决定了一辈子干什么以后，你就要坚定不移地干下去，就不要随便更换。你可以像一条河流一样，越流越宽阔，但是千万不要再想去变成另外一条河，或者变成一座高山。有了这样一个目标以后，你的人生就不会摇摆不定，不会到处乱窜，这样你才能够做成事情。"

很多人在学习了一段时间，或者是工作了一段时间之后，毫无信心地表示自己没有什么进步，觉得自己如此下去，就算是花再长的时间也不会取得多少成绩，于是难免对自己灰心失望。

那么回想一下，在投入时间进行学习或工作的过程中，自己的状态如何呢？是不是总是三心二意、心猿意马，总是无法专心致志地全身心投入呢？

学习和工作没有取得成绩，其中有很多原因。而十分重要的一个原因就是不够专注。而如果一个人一旦形成了凡事不专注的习惯，那么也就说明这个人不会对任何事情投入自己的全部心力。而不投入全部精力，也就不会认认真真地对待工作，也不能很好地完成工作了。

一个人如果将自己的全部精力投入到某一个自己热衷的方面或是一个目标上，那么就很少有不会成功的可能。成功人士之所以成功，并不是因为他们的智力超群，而是因为他们有专注的精神。

有一个农场主新雇了一个工人，他是一个年轻的小伙子。上工第一天，农场主和小伙子一起筑围篱。

农场主手里拿的一根木柱突然掉落到了泥坑里，泥水溅污了他们的衣服。农场主虽然显得很狼狈，但看起来他似乎是故意这样做的。

当时，在屋内洗碗的女主人看到了这一情形，就忍不住偷偷问丈夫为什么要这样做。农场主回答说："我也不想这样做，但那个小伙子穿着崭新、干净的工作服。整天只顾着保持工作服的干净，筑围篱的时候总是有所顾忌，这样怎么能把工作做好呢？难道你没有注意到泥水溅污了他的工作服后，我们的工作快了很多吗？"

故事中的那个年轻工人因为怕弄脏干净的工作服而没有全身心地投入到工作之中，并为保持工作服的干净而影响了正常的工作。

面对人生的选择、未来的生活和事业的走向，很多人总是无所适从，不知道未来的路要怎么走，总是犹犹豫豫、左右为难。其实，一切并没有那么难，只要将全部的精力集中到一点，不再心猿意马，然后认认真真地一步一步努力，就能够使事业达到自己渴望的高度，也就能使自己生活得更好了。

有人向歌坛超级巨星卢奇亚诺·帕瓦罗蒂讨教成功秘诀，帕瓦罗蒂提到了自己父亲说过的一句话。

从师范学校毕业后，痴迷音乐并有相当素养的帕瓦罗蒂问父亲："我是当教师呢，还是做歌唱家？"父亲告诉他："如果你想同时坐在两把椅子上，你可能会从椅子中间掉下去。生活要求你只能选一把椅子。"

于是，帕瓦罗蒂选了一把椅子——做个歌唱家。经过7年的努力之后，帕瓦罗蒂才首次登台亮相。又过了7年，他终于登上了纽约大都会歌剧院的舞台。

生活中，几乎每一个人的内心都充满了梦想。可是纵观现实，实现了梦想的、在为了实现梦想而努力求索的道路上的，又有几人呢？那么没有实现梦想的人的原因在哪里呢？其实，这并不是他们没有才华或没有实现梦想的环境，而是他们总是这山望着那山高，总是不愿意安分地在一个领域里努力地做出成绩。

所以，只选一把椅子，不分散精力，将注意力都集中于一点，用全部的力量和心血去努力做一件事，就一定会成为专家，成为一个领域中有发言权的人。这样做就是最大化了自己的力量，使自己的价值得到很大的提升。

导师
训练营　　　　　　**如何专注？**

第一招，找出事情的主次关系。只有分清了事情的主次关系，你才能清晰地认识到应该先做什么、后做什么，并合理地分配自己的时间和精力。

　　第二招，专注于一个，才能成就一个。如果很多事情都想做，或者是有很多事情必须做，那么也不要让繁多的事务扰乱了心境，而要一步一步地各个击破。

好好活着就是做有意义的事

▶【导师履历】

兰小龙， 他是湖南邵阳人，毕业于中央戏剧学院，后进入北京军区战友话剧团成为一名职业编剧。曾创作了话剧《红星照耀中国》，电视剧《石磊大夫》《步兵团长》《士兵突击》《我的团长我的团》《生死线》。因《士兵突击》而迅速走红。

幸福好声音

为自己而生，也为别人而活

兰小龙随着《士兵突击》的热映而走入人们的视野，这个身材消瘦、个子不高、光头另类的汉子，用他敏锐、冷静而不乏温情的笔触轻轻一点，点中了现代人内里最柔软的部分。要走进兰小龙的生活很容易，他是个随性而为的人，不喜欢一板一眼地生活，但很奇怪的是，他却当了兵，说到这个，兰小龙就会很骄傲、很自豪地跟我们开玩笑，他觉得自己是个"阴阳人"，既不是地方上的百姓，也不是完全的军人，因而他是与众不同的。兰小龙还会对我们说他的人生理念，他认为生活是荒诞的，所以他活得比较开通。我们就有些不明白了，他说："人活着就要有意义，有意义就是好好活着，好好活着就是做有意义的事情。"

实际上，兰小龙的说法是，生活本身就是个困境，我们需要面对的是生活本身，也就是困境。也就是说，人只要好好活着，实际上就是有意义的。而好好活着又当如何解释呢？好好活着就是做事情，做有意义的事情。什么又是有意义的事情呢？兰小龙给出的答案是好好活着！听起来这像"蛋生鸡、鸡生蛋"一样没有结论。实际上答案就只有一个，就是活着。

　　人要活着不是件简单的事情，除了吃喝拉撒，还要做事，不然没有收入，不然没有认同感，不然活着憋屈，不然就与动物没有区别。有意义的事情，除了自己的本职工作以外，还有很多。譬如，帮助别人，所做的事情有利于大众。生活中，很多事情都是有意义的，既然生活是个困境，那么解决一个困境就是在做有意义的事情。

　　好好活着，一方面要活好自己，把自己作为一个独立的人来看，真正地为自己而活。另一方面，又要为别人而活，把自己当作社会的一分子而活，人与人是需要互相帮助、互相慰藉、互相支撑的，所以每个人又都要为他人而活。这样，我们才能体会到自己的价值。

　　托尔斯泰说：**"如果一个人懂得了自己的使命，但却不能够舍弃自我，不懂得为别人而生，那么这就好比一个人只拿了里屋门的钥匙，而没有外屋门的。"**

　　可以说，能否为他人做出牺牲很大程度上体现了一个人如何处理自身与社会的关系。古往今来，很多先哲也给我们提出了很好的建议。泰戈尔认为，"除了我们个体的生命之外，我们还有一种更大的身体，就是社会集体，社会是一个有机体，我们作为这个有机体的各个部分，我们有我们各自的愿望，我们要求有自己的享受和放纵，我们要求比其他任何人少支付多获得，这就是发生争夺与战争的原因。但是我们还有另外的愿望，那就是要求在社会实体的深层去工作，它是为了社会幸福的愿望，超越个人和现时的限制，这是构建和谐社会的重要动力"。

　　泰戈尔在自己的著作中说道：

　　　　从某种程度上说，每一个人都具有这种感受，每一个人都曾为了他人而牺牲过自己的私欲，每一个人都曾为了使他人快乐而忍受损失和烦恼，并因此而感到欢乐。人类并不是互相分离的生物，他具有整体的方面，这是一种真理，而且当他认识到这一点，他就会变得伟大。甚至最恶劣的自私者，当他寻找作恶的力量时，也不能不承认这一点，因为他不能无视真理而又强大有力。因此为了求助于真理，在某种程度上自私也不得不成为无私。一伙强盗为了结合在一起形成一个帮必须讲义气，他们可能会抢劫整个世界，却不会互相掠夺。

一个有智慧的人会将追求自我满足的愿望同为了社会美好的愿望协调一致，只有这样他才能实现自我的价值。

爱默生说："人生最美丽的补偿之一，就是人们真诚地帮助别人之后，同时也帮助了自己。"我们在帮助别人的时候，也就是在帮助我们自己。

给，就是一种舍，我们在给别人的时候，就是在舍自己的某些东西，比如时间、精力、关怀、财物等。而这些舍，同样会使我们得到。

相信大家都听过这样一句话："赠人玫瑰，手留余香。"这句话就是说，我们在给予别人的同时，自己也会有所收获。实际上，这并非一句空话。每个人都不是独立地存在这个世界上的，每个人都会遇到困难，遇到自己解决不了的问题，这个时候，我们就需要向别人求助，如果我们能得到别人的帮助，那么我们就会心存感激，希望他日自己也可以为别人做些事情。同样地，当我们帮助别人时，别人也会心存感激，希望他日伸出援助之手，帮助我们。

人生的精彩不在于你做什么，而在于你是否能够成为一个有用的人，并为自己被社会认可而感到骄傲。

爱因斯坦曾告诉我们："不要努力去做一个成功的人，而是要努力去做一个有价值的人。"

导师训练营

如何才能做有意义的事?

　　第一招，做的事让自己开心，也让别人开心。做对自己有利，对别人也有利的事情。

　　第二招，做好自己的工作。做好自己的工作，就是在做有意义的事情。

　　第三招，安排好自己的生活。把生活安排好，不管遇到什么，都不能让自己堕落下去。

(((好声音集萃)))

⊙ 今天很残酷，明天更残酷，后天很美好，但绝大多数人死在了明天晚上，看不到后天的太阳。一个人想要实现梦想，就要懂得坚持，就要经得起大风大浪。

⊙ 妥协并不意味着放弃原则，也不是一味地退让，明智的妥协是一种适当的交换。为了达到主要的目标，可以在次要的目标上作出适当的让步。

⊙ 一个人如果没有自己的思想，他就是奴隶。如果一个人总是按照别人的意见生活，没有独立思考，那么，说他不是他自己就一点儿也没有冤枉他。

⊙ 盲目的自信是自负，真正的自信是由内向外溢出来的，它用不着刻意表现。

⊙ 一个人追求的高度决定了他人生的高度，如果他为自己画定了界线，那么他将永远无法超越这个高度。

⊙ 我们不会一开始就会有百万年薪，不会马上成为公司的副总裁，这要一步一步去实现，而每一步都要付出努力才能完成。

⊙ 事实就是这样，人生前期不作好准备，就无法应付日后突如其来或终要面对的事情，也会错过很多机会，错过不同的风景。

⊙ 主动表达自己的看法与意见，才能吸引别人的关注，才能有更多的机会展现自己。

⊙ 一个对自己的能力都没有清晰认识的人，很容易犯冒进或畏惧不前的错误。这些人要么在职场上摔跟头，要么十年八年熬不出个头，只能做个小职员。

⊙ 内涵并不需要多么美艳，它是一种特质，不管男人、女人都要有一些内涵，要让异性像读一本书一样读我们。一个人由内而外散发的魅力才是持久的，并随着岁月的累积越来越醇厚。

⊙ 帮助自己的唯一方法就是去帮助别人。爱心就像是一颗种子，在你选择播种的时候，就注定会有硕果累累的一天，就能品尝到丰收的喜悦。

⊙ 完美往往只会成为人生的负担，人绷紧了完美的弦，它却可能发不出声来。那些懂得爱自己、宽容别人的人，才是生活的智者，才更容易活得幸福。

后记
AFTERWORD

　　每一部著作的完成都离不开多人的努力和艰苦而可贵的劳动。阅读是一种享受，写作这样一本书的过程更是一种享受。

　　本书在策划和写作过程中，得到了许多同行的关怀与帮助，也得到了许多老师的大力支持，在此向他们致以诚挚的谢意：于海州、刘杨、李月玲、周成功、卫海霞、王丽娟、刘蕾、桓浩然、代滢、陈小立、张春孝、侯艳燕等。

　　本书在编纂过程中，参考了大量的文献和作品，也借鉴了他人的智慧精华。在此谨向各位专家、学者致以真挚的谢忱。因为编写和出版时间仓促，以及编者水平所限，书中不足之处在所难免，诚请广大读者批评指正。